Informazioni legali

Autore ed editore: M.Eng. Johannes Wild
A94689H39927F
E-mail: 3dtech@gmx.de

L'impronta completa del libro si trova nelle ultime pagine!

Questo lavoro è protetto da copyright

Tutte le informazioni contenute in questo libro sono state compilate al meglio delle nostre conoscenze e accuratamente controllate. Tuttavia, l'editore e l'autore non garantiscono l'attualità, l'accuratezza, la completezza e la qualità delle informazioni fornite. Questo libro è solo a scopo educativo e non costituisce una raccomandazione di azione. L'uso di questo libro e l'implementazione delle informazioni in esso contenute è espressamente a rischio dell'utente. In particolare, nessuna garanzia o responsabilità viene data per danni di natura materiale o immateriale da parte dell'autore e dell'editore per l'uso o il non uso delle informazioni in questo libro. Questo libro non pretende di essere completo o privo di errori. Le rivendicazioni legali e le richieste di risarcimento danni sono escluse. Gli operatori dei rispettivi siti web sono esclusivamente responsabili dei contenuti dei siti web stampati in questo libro. L'editore e l'autore non hanno alcuna influenza sul design e sui contenuti dei siti internet di terzi. L'editore e l'autore prendono quindi le distanze da tutti i contenuti esterni. Al momento dell'uso, nessun contenuto illegale era presente sui siti web. I marchi e i nomi comuni citati in questo libro rimangono di proprietà esclusiva del rispettivo autore o titolare dei diritti.

Prefazione

Grazie mille per aver scelto questo libro!

Se stai cercando una guida pratica per il grande e versatile Arduino mini PC, allora sei arrivato nel posto giusto e sei ben consigliato con questo libro! Sono un ingegnere (M.Eng.) e vorrei presentarti Arduino in modo semplice. In questo libro imparerai sia le basi teoriche per lavorare con Arduino, sia l'applicazione pratica utilizzando grandi ed eccitanti progetti di esempio. Questo libro ti offre un'introduzione facile da capire, strutturata in modo intuitivo e pratico al mondo del mini-PC! In questo libro lavoreremo esclusivamente con Arduino Uno, poiché è ideale per i principianti.

Dalle basi dell'elettrotecnica, costruendo la scheda Arduino, costruendo il software per programmare e creare i tuoi primi progetti, come creare un segnale SOS, creare sistemi Arduino dipendenti dalla temperatura o dalla luce o sistemi Arduino protetti da password e controllati a distanza. Tutto questo è incluso in questo libro e in questo modo ti fornisce tutte le conoscenze necessarie per iniziare.

Questo libro di base è rivolto specificamente a tutti coloro che non hanno nessuna conoscenza precedente di Arduino o solo molto primitiva. Non importa che età hai, che professione hai, se sei un alunno, uno studente o un pensionato.

Lo scopo di questo libro è quello di insegnarti cos'è un Arduino, come funziona e come usarlo per grandi progetti. È un libro che fornisce una comprensione dei fondamenti dell'ingegneria elettrica così come le basi della programmazione e della costruzione di circuiti per Arduino, in dettaglio.

Quindi in questo corso base di Arduino imparerai tutto quello che devi sapere come principiante sul mondo del mini-PC, la sua programmazione e la progettazione di circuiti! Dai un'occhiata al libro e ottieni la tua copia in ebook o in brossura!

Tabella dei contenuti

1 Introduzione: Corso e scopo dell'apprendimento

Cosa ti puoi aspettare in questo libro e cosa imparerai

In questa guida per principianti di Arduino, troverai un'introduzione all'uso di Arduino mini PC in teoria e in pratica. Come ingegnere, condivido le mie conoscenze di studio e di pratica con te passo dopo passo, in modo che tu possa ottenere un successo ottimale nell'apprendimento con basi teoriche da un lato, ma soprattutto con esempi pratici dall'altro. Nei primi capitoli, puoi aspettarti innanzitutto una conoscenza di base dell'ingegneria elettrica e dell'elettronica, poi si passa alla teoria e infine alla pratica sotto forma di progetti interessanti.

In questo corso, che si rivolge specificamente ai principianti, imparerai tutte le basi di cui hai bisogno per lavorare con Arduino. In questo libro lavoreremo esclusivamente con Arduino Uno, poiché è ideale per i principianti.

In breve, questo corso ti insegnerà in dettaglio quanto segue:

- I termini e i componenti di base dell'ingegneria elettrica come conoscenza di base

- La struttura di una scheda Arduino Uno e come utilizzarla

- Cos'è l'IDE di Arduino, a cosa serve e come è strutturato?

- Basi della programmazione: programmazione a blocchi

- Fondamenti di programmazione: programmazione basata sul testo

- Come creare un sistema con un Arduino e come scrivere il codice del programma richiesto

- Apprendimento orientato alla pratica basato su emozionanti progetti fai da te: Segnale SOS con LED, controllo LED basato sulla temperatura, controllo di un motore in base alla luce, allarme rilevamento gas, sistema protetto da password, sistema controllato a distanza.

- e molto di più!

Sii entusiasta! Ci siamo!

2 Primi passi con Arduino

Arduino è una piattaforma elettronica composta da hardware e software che è molto facile da usare ed è stata creata come parte di un progetto open-source. Il termine open source è generalmente caratterizzato dal fatto che il software è liberamente accessibile, la partecipazione attiva degli utenti è desiderata e non ci sono restrizioni d'uso. In parole povere, un Arduino non è altro che un piccolo e molto semplice PC o microcontrollore che è in grado di prendere segnali in ingresso, elaborarli internamente e poi convertirli in segnali in uscita corrispondenti. Un segnale di ingresso potrebbe essere, per esempio, la luce del sole che cade su un sensore. Il segnale di uscita corrispondente potrebbe controllare un motore, per esempio. Questo mini-PC può essere acquistato individualmente o come set nella forma molto puristica di un circuito, dotato di componenti elettronici.

Ci sono varie schede Arduino, moduli e starter set.

Le seguenti schede Arduino sono raccomandate per iniziare:

- Arduino Uno
- Arduino Nano

- Arduino Leonardo
- Arduino Micro

Una buona panoramica di tutti i prodotti e un modo per ordinarli possono essere trovati sul sito ufficiale: https://www.arduino.cc/en/main/products . Puoi ordinare i prodotti Arduino di cui abbiamo bisogno in questo corso da questo sito ufficiale o comprarli su Amazon o Ebay. A proposito, una scheda Arduino Uno è disponibile da circa 20 €, un set completo per principianti da circa 70 €.

In questo libro ci occuperemo principalmente della scheda Arduino Uno e la useremo anche per i seguenti progetti. Avremo anche bisogno di altri componenti come LED, resistenze, sensori (es. sensore a infrarossi) e attuatori (es. motore) per i progetti. Troverai una chiara lista di quali componenti sono necessari in particolare nel corso successivo e in ogni progetto. Per questo scopo, si raccomanda di acquistare il cosiddetto "Arduino Starter Kit for Beginners" (disponibile anche su Amazon, Ebay) o un altro starter set o, oltre alla scheda Arduino Uno, un set di sensori/moduli che contiene i componenti necessari.

Affinché il Mini-PC sappia cosa fare con i segnali di ingresso menzionati in precedenza e quali segnali di uscita vorremmo, la scheda Arduino ha bisogno di istruzioni. Queste istruzioni per il microcontrollore sono date dall'utente, cioè da noi, con l'aiuto di un codice di programma. Per questo viene utilizzato un linguaggio di programmazione. Un software speciale, il software Arduino (IDE), è utilizzato per la programmazione e la trasmissione. Questo può essere scaricato online gratuitamente, ad esempio qui: https://www.arduino.cc/en/software .

Innumerevoli progetti sono già stati realizzati con il microcontrollore Arduino e questo mini-PC è adatto per progetti di hobby, per la prototipazione o anche per progetti scientifici. La comunità Arduino è diffusa in tutto il mondo. Include studenti, ingegneri, hobbisti, artisti, programmatori, ecc. Milioni di utenti hanno contribuito a questa piattaforma open source e grazie a questi contributi sono state accumulate molte conoscenze per aiutare i professionisti e i nuovi utenti con i loro vari progetti. Arduino è stato sviluppato specificamente per gli utenti che hanno bisogno di una piattaforma semplice ed economica per progetti di elettronica e programmazione. Dato che Arduino è un progetto open source, gli utenti possono cambiare tutto ciò che vogliono o personalizzare qualsiasi funzione secondo le loro esigenze.

Perché dovresti scegliere un Arduino?

Prima di tutto, Arduino è molto facile da usare, poiché ha una vasta gamma di applicazioni, anche e soprattutto per i principianti. Tuttavia, questa piattaforma è ugualmente adatta agli utenti esperti. Un'altra ragione è la grande comunità Arduino che supporta questo progetto open source. Arduino funziona anche con un sistema operativo Mac, Windows o Linux. Grazie alla semplicità della piattaforma e alla moltitudine di funzioni, un Arduino può essere utilizzato da un bambino così come da un pensionato. Soprattutto per i principianti, Arduino è ottimale per la creazione di progetti da semplici a complessi grazie alla sua facilità d'uso e alla grande quantità di dati già esistenti.

Ci sono anche altre piattaforme di microcontrollori e prodotti concorrenti. Alcuni di essi che sono simili ad Arduino sono chiamati ad esempio : "Basic Stamp" di "Parallax", "BX-24", "Phi" e "Handy Board" e ci sono molte altre schede con funzioni simili. Tuttavia, questi microcontrollori utilizzano metodi di programmazione piuttosto antiquati, la comunità non è così grande come quella di Arduino e le istruzioni non sono così facili per i nuovi arrivati.

Di seguito c'è una breve lista del perché Arduino è così grande e perché hai ragione a scegliere Arduino e questo corso:

Prezzo ragionevole

Arduino ha un prezzo ragionevole e questo è uno dei motivi principali del suo successo mondiale. La scheda Arduino Uno, per esempio, è già disponibile per circa 20 €. Un set iniziale da circa 70 €.

Cross-platform

Come per molte piattaforme principali, la maggior parte dei microcontrollori funziona solo con Windows. Manca il supporto per sistemi come Mac e Linux. Arduino, invece, funziona con tutti i sistemi.

Facile da programmare

Probabilmente il punto più importante. Un Arduino è molto facile da usare e programmare. Il software per esso (Arduino IDE) è molto facile da usare. Questo aiuta soprattutto i principianti, ma anche i giovani o i pensionati, a familiarizzare con il programma in modo molto semplice e giocoso. Tuttavia, Arduino offre anche la possibilità di realizzare progetti e programmazione complessi, quindi è anche una grande piattaforma per utenti avanzati.

Software open source

Tutti possono contribuire a questo grande progetto. Ogni utente può creare nuove librerie (impareremo quali sono) e renderle disponibili agli altri utenti.

Hardware Open Source

L'hardware Arduino è anche open source e può essere modificato da qualsiasi utente. Attraverso una sorta di sistema plug-and-play e per mezzo di una cosiddetta "breadboard", i moduli possono essere aggiunti e una varietà di progetti diversi possono essere implementati. È una specie di sistema modulare.

3 Conoscenze di base - Fondamenti di ingegneria elettrica

3.1 Introduzione all'elettricità e all'elettronica digitale

3.1.1 Elettricità

L'elettricità è creata da elettroni che fluiscono da un posto con un potenziale più alto (energia più alta) ad un posto con un potenziale più basso (energia più bassa). Puoi immaginarlo relativamente bene usando una cascata. L'acqua (che rappresenta gli elettroni) scorre dal punto superiore della cascata (alto potenziale, alta energia potenziale) al punto inferiore della cascata (basso potenziale, bassa energia potenziale). L'energia potenziale viene convertita in energia cinetica durante questo processo, ecco perché "perde" questo stato di alta energia nel processo (ma in realtà, come ho detto, questa energia viene convertita). Allo stesso modo, l'elettrone vuole passare da un posto con una tensione più alta (potenziale alto) ad un posto con una tensione più bassa (potenziale basso).

La tensione è l'unità di energia elettrica "generata" dalla batteria. La batteria o qualsiasi altra fonte di tensione ha due terminali. Un terminale è chiamato terminale negativo e l'altro terminale è chiamato terminale positivo. Al terminale positivo, il potenziale di tensione è più alto rispetto al lato negativo. La corrente scorre quindi dal lato positivo (polo positivo) al lato negativo (polo negativo), se si considera la direzione tecnica della corrente.

Puoi pensare ad una batteria o ad un'altra fonte di energia come se funzionasse come una pompa. Una batteria, per esempio, "genera" tensione o energia attraverso una reazione elettrochimica al suo interno. Questa tensione o energia fluisce fuori dal polo positivo sotto forma di elettroni (questi elettroni simboleggiano le molecole d'acqua che vengono pompate fuori). Per compensare gli elettroni "persi", la batteria (simile ad una pompa di aspirazione) richiama lo stesso numero di elettroni attraverso il polo negativo.

3.1.2 Circuito

Cos'è un circuito? In parole povere, un circuito è una disposizione di diversi componenti con una connessione elettricamente conduttiva tra questi componenti. Affinché un circuito elettrico o un circuito funzioni, c'è bisogno di una fonte di energia / fonte di corrente, ad esempio una batteria e un consumatore, ad esempio una lampadina, così come di collegamenti tra questi due componenti, che sono chiamati conduttori. In ingegneria elettrica, questi componenti sono rappresentati in un circuito elettrico o in un circuito come segni simbolici come segue:

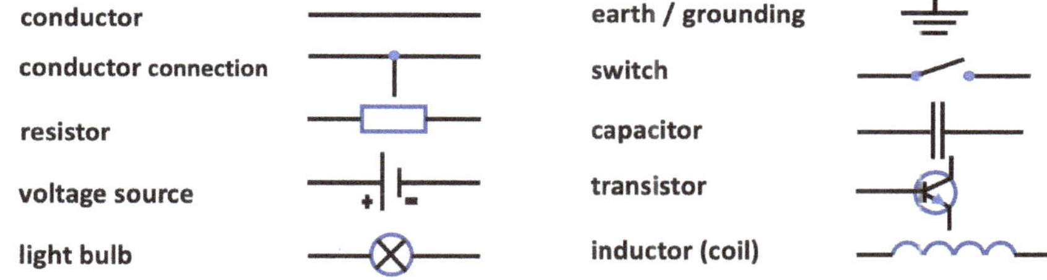

Affinché una lampada, per esempio, si accenda come mostrato nella seguente illustrazione, il circuito deve essere chiuso, cioè ci deve essere una connessione tra i due poli (+ e -) di una fonte di alimentazione (per esempio la batteria) e la lampadina. Se questo è il caso, la corrente scorre da un polo della fonte di alimentazione (ad esempio la batteria) attraverso la lampadina e di nuovo all'altro polo della fonte di alimentazione. Se questa connessione viene scollegata, ad esempio da un interruttore, la corrente non scorre più e la lampada non si accende più. In questo caso si parla di un circuito aperto. Un cortocircuito si verifica se la corrente può fluire senza ostacoli e senza passare prima attraverso un componente elettrico da un polo della fonte di corrente all'altro polo (ad esempio attraverso un punto non isolato di un cavo su una superficie metallica). Questo perché la corrente prende sempre il percorso di minor resistenza.

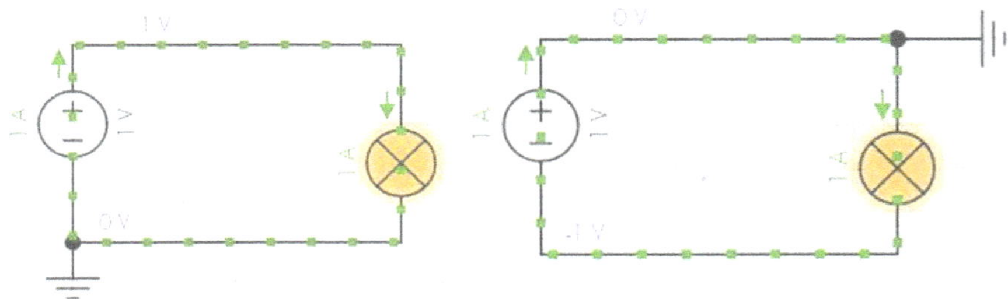

Uno schema circuitale è il concetto base di un circuito che può essere disegnato, per esempio, su un pezzo di carta o con l'aiuto di un programma per computer (vedi immagine sopra).

Un tale schema circuitale può anche essere reso un po' più descrittivo (vedi immagine qui sotto). Il modo migliore per creare schemi circuitali per Arduino è con il software di https://fritzing.org/download/ , che può essere scaricato per pochi soldi all'URL indicato. Su https://fritzing.org/learning/ puoi anche trovare molti riferimenti e istruzioni per l'utilizzo del software. Come possiamo vedere nell'immagine qui sotto, in questo progetto, per esempio, un relè e un modulo sono collegati a un Arduino Uno tramite cavi colorati. I colori dei cavi hanno ognuno un significato che aiuta a fare un cablaggio corretto. In questa illustrazione, tutti i fili rossi rappresentano il segnale di 5V e tutti i fili neri rappresentano il segnale di terra (0V).

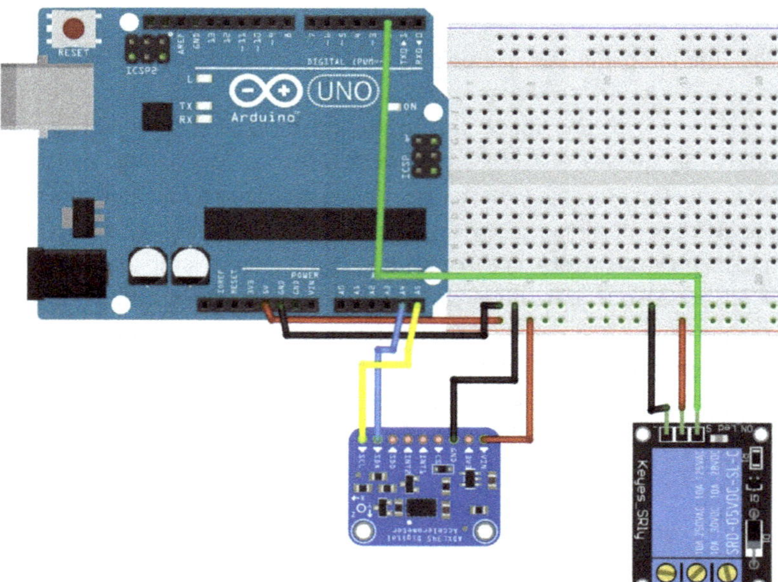

3.1.3 Elettronica digitale

In questo capitolo vedremo le basi dell'elettronica, uno dei principali campi dell'ingegneria elettrica. In particolare, daremo uno sguarco più da vicino all'elettronica digitale.

La base dell'elettronica digitale è costituita da semplici operazioni di commutazione. Il computer è uno dei migliori esempi di queste operazioni di commutazione e dell'elettronica digitale. Le applicazioni che un computer moderno ci offre sono ottenute per mezzo di operazioni di commutazione eseguite da milioni di transistor.

Quindi qual è il principio di base di un PC? Probabilmente l'hai già sentito. È il cosiddetto sistema binario, che si basa sui due numeri "0" e "1". La comunicazione nei sistemi digitali avviene con l'aiuto di questi numeri o con l'aiuto di varie combinazioni di questi due numeri.

Dato che Arduino non è fondamentalmente altro che un mini-PC molto semplice e snello, questo principio viene applicato anche qui. Nei sistemi elettronici di oggi, i due numeri binari sono solitamente rappresentati dalle tensioni 5V ('1" o valore HIGH) e 0V ("0" o valore LOW).

La restrizione a soli due numeri o valori di tensione sembra molto limitante ed è molto difficile immaginare come un PC possa raggiungere le eccezionali prestazioni di oggi utilizzando questo sistema. Tuttavia, questo sistema e la sempl cità ad esso associata ha senso. Semplifica le cose perché è estremamente semplice riconoscere questi due stati, cioè "0" o "1", e distinguerli definitivamente l'uno dall'altro.

3.2 Componenti importanti nell'elettronica

3.2.1 Il diodo e il diodo ad emissione di luce (LED)

Un diodo è un componente semiconduttore in elettronica che ha la proprietà di permettere alla corrente di fluire in una sola direzione (direzione avanti). L'altra direzione è bloccata per il flusso di corrente (direzione inversa). Puoi immaginare un diodo semplicemente come una valvola.

L'applicazione più semplice di un diodo è il LED. Il LED (light-emitting diode) è un dispositivo semiconduttore che produce luce quando viene alimentato. La luce è prodotta dalla corrente che scorre da una fonte di corrente continua al diodo e attraverso di esso. Dato che un LED è un dispositivo a semiconduttore, ha anche una direzione in avanti. Questo significa che la corrente può scorrere attraverso di essa solo in quella direzione. Se un LED è collegato in modo errato, non verrà prodotta alcuna luce. Il colore della luce e il fatto che sia visibile o meno (es. infrarossi; generalmente determinato dalla lunghezza d'onda) è controllato dal doping e dal materiale utilizzato. I due principali vantaggi dei LED sono: a) la loro lunga durata, b) il loro basso consumo energetico. Rispetto alle vecchie lampade a incandescenza, un LED può raggiungere una vita utile di diverse 10.000 ore e ha un'efficienza molto migliore. Perché è così? Le lampade ad incandescenza convenzionali producono un'enorme quantità di calore oltre alla luce visibile, cioè l'energia spesa non è solo convertita in luce ma principalmente in calore. Con i LED, solo un po' di calore viene prodotto come "spreco o sottoprodotto" e quasi tutta l'energia può essere utilizzata per produrre luce. Esistono diversi tipi di LED. Il design più semplice è mostrato nella seguente illustrazione.

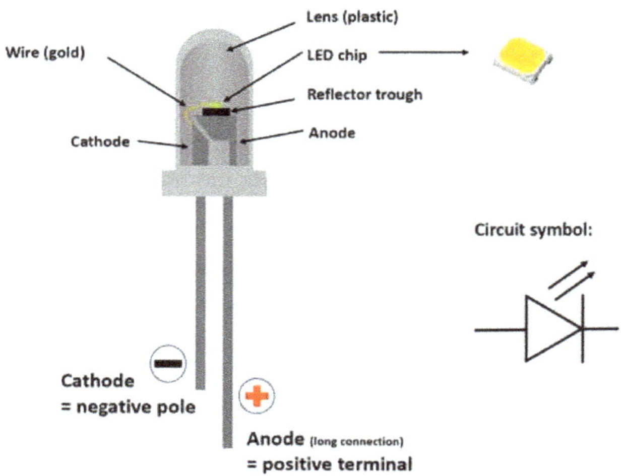

Il cuore e allo stesso tempo l'effettivo elemento semiconduttore del LED mostrato è il chip del LED, che è posto su un riflettore sull'anodo ed emette la luce. Il simbolo del circuito di un LED consiste nel simbolo del circuito del diodo con due frecce oblique aggiuntive per rappresentare l'emissione di luce.

3.2.2 Il transistor

Un transistor è un semplice componente con tre connessioni che può essere meglio immaginato come una valvola che controlla il flusso d'acqua di una pompa, per esempio. Se giriamo la rotella di controllo della valvola in una certa direzione, cioè aperta, il flusso d'acqua aumenta e se la giriamo nell'altra direzione, cioè chiusa, il flusso diminuisce. La valvola, nel caso del transistor, sarebbe composta da diodi e l'acqua sarebbe la corrente. L'elettronica in generale, semplificata, ha molto a che fare con elementi di commutazione e anche i transistor si comportano come interruttori. Oltre a questa capacità di commutazione, i transistor hanno anche la proprietà di amplificare, il che sarebbe equivalente a cambiare il rapporto della valvola per la quantità di acqua in uscita. Questa proprietà di amplificazione è particolarmente importante nel mondo dell'elettronica. Ci sono diversi tipi di transistor, uno dei più semplici è il transistor bipolare (**BJT**). Ci sono anche, per esempio, il transistor a effetto campo (**FET**) e il transistor a effetto campo a semiconduttore di ossido metallico (**MOSFET**). Tutti i tipi di transistor hanno le loro proprietà speciali e sono utilizzati in diverse applicazioni.

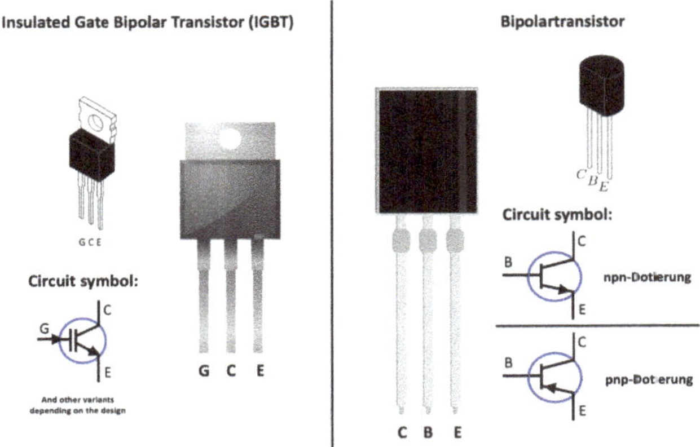

3.3.3 Il condensatore

In termini molto semplici, un condensatore non consiste in nient'altro che due piastre disposte parallelamente l'una all'altra e un dielettrico tra loro. Un dielettrico è semplicemente una sostanza debolmente o non conduttiva (solido, liquido, gas) con portatori di carica che non sono liberi di muoversi. I condensatori sono generalmente considerati dispositivi di stoccaggio della carica perché, quando viene applicato un potenziale elettrico, possono immagazzinare tensione (energia) nelle loro piastre.

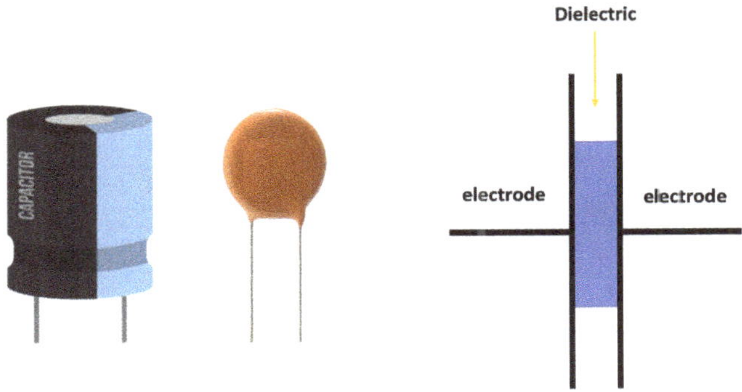

La capacità di un condensatore di immagazzinare carica dipende dall'area (A) delle piastre, dalla loro distanza (d) e dal dielettrico (ε) tra le piastre. Questa capacità di immagazzinare carica è generalmente indicata come capacità. $\left(C = \frac{A}{\varepsilon d}\right)$, "ε" è chiamata la costante dielettrica. Quando la carica nelle piastre aumenta, anche la tensione del condensatore aumenta, fino a raggiungere la capacità.

3.3.4 La resistenza

I resistori sono componenti che possono essere utilizzati principalmente - come suggerisce il nome - per applicare resistenza a qualcosa. In questo caso, il resistore agisce contro il flusso di corrente e può essere utilizzato per limitare il flusso di corrente in un componente che è collegato al resistore. Fondamentalmente, ogni conduttore (filo o simile) ha una resistenza che può essere calcolata in base alla sua lunghezza e sezione. Nel nostro caso, usiamo le cosiddette resistenze a foglio (un tipo di resistenza). Qui ci sono, per esempio, resistenze a film di carbonio e resistenze a film di metallo o ossido di metallo. Con questi tipi, il valore di resistenza proviene da un nucleo di ceramica con uno strato di carbonio o metallo o ossido di metallo. Il valore della resistenza può essere misurato con l'aiuto di un multimetro o letto direttamente dagli anelli colorati sul resistore. Ogni resistenza ha un codice colore composto da 5 anelli che rivelano il valore della resistenza. Come leggere questo codice colore deve essere spiegato in dettaglio e quindi andrebbe oltre lo scopo di questo capitolo. Dopo tutto, vogliamo lavorare con Arduino il prima possibile. Puoi cercare questa codifica online, ad esempio qui: https://www.calculator.net/resistor-calculator o meglio, come ho detto, usare un multimetro per misurarla.

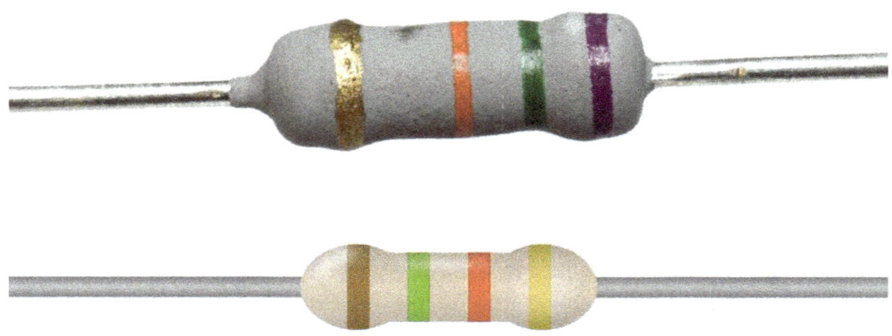

3.3 Il multimetro: Misurazione di corrente e tensione nella pratica

Nella pratica dell'ingegneria elettrica, i multimetri sono spesso utilizzati come strumenti di misurazione. I multimetri con due connessioni possono misurare tensione, corrente, resistenza, capacità e induttività. Ma puoi anche usarli per controllare la polarità dei transistor e per un test di continuità. Il test di continuità ci dice se un circuito è in cortocircuito o meno.

I multimetri possono misurare solo una variabile alla volta (come la corrente o la tensione). Per misurare diversi parametri, dovremmo utilizzare diversi dispositivi individuali. L'illustrazione qui sotto mostra un semplice multimetro con le diverse gamme di misurazione. A seconda di ciò che vuoi misurare, giri il quadrante nella gamma appropriata.

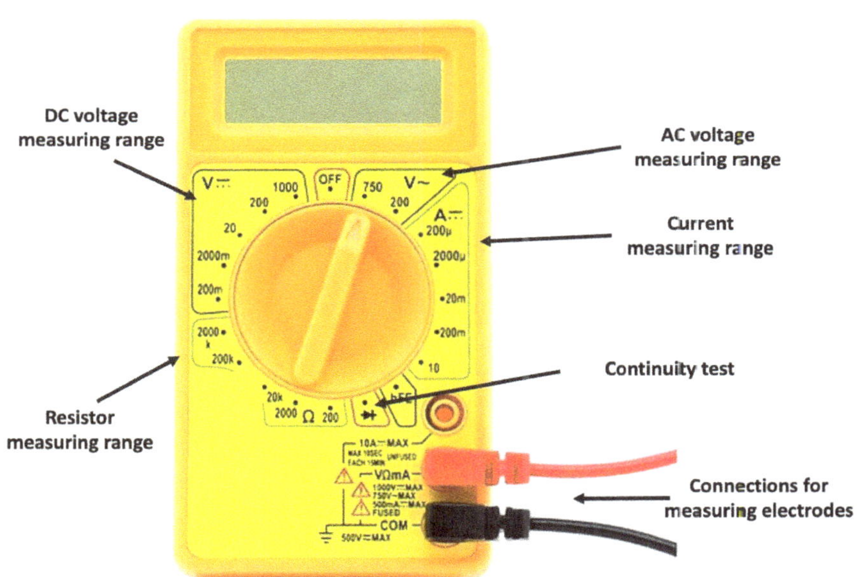

Quando effettui una misurazione, inizia sempre dalla tensione o dal 'amperaggio più alto possibile, o dal valore di resistenza più alto, e poi abbassa l'impostazione del display finché non viene visualizzato un valore adatto.

Questo significa, per esempio, che se fai una misurazione su una fonte di tensione DC e sospetti un valore compreso tra 20 e 200 V, prima giri la gamma di impostazione a 200 volt.

Se vuoi misurare una tensione, devi collegare gli elettrodi di misura in parallelo alla fonte di tensione o al componente che vuoi misurare. Nel caso di una lampadina, per esempio, funzionerebbe così:

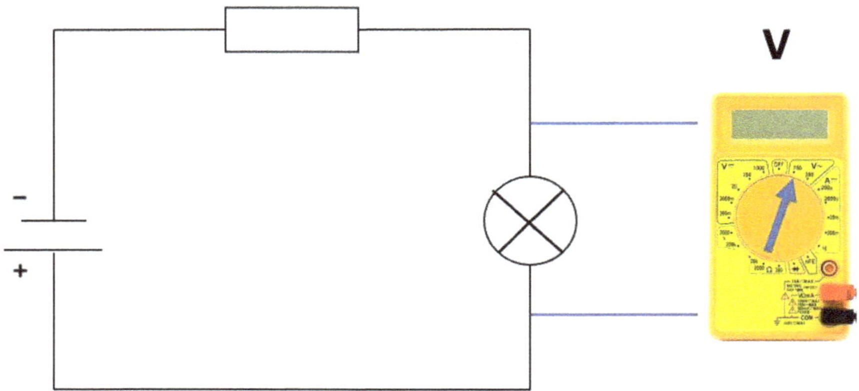

E se vuoi misurare l'amperaggio di un consumatore, devi collegare lo strumento di misura (multimetro) in serie al consumatore, cioè disconnettere la linea. Questo funzionerebbe in questo modo:

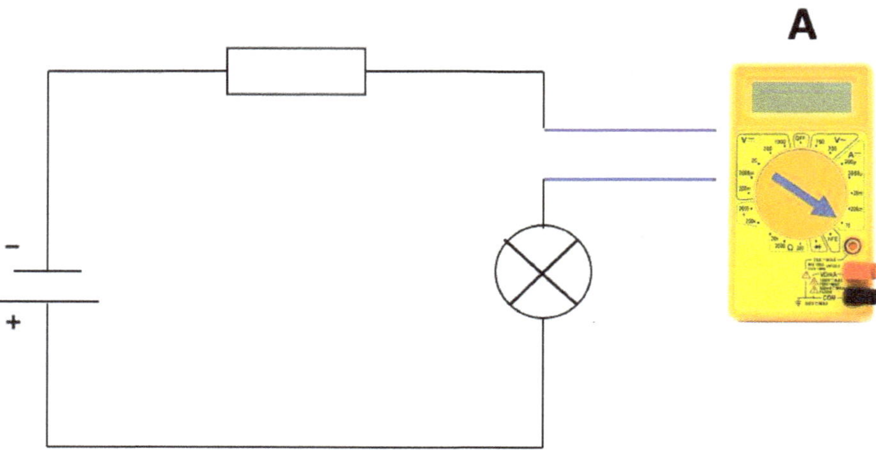

3.4 Embedded Systems

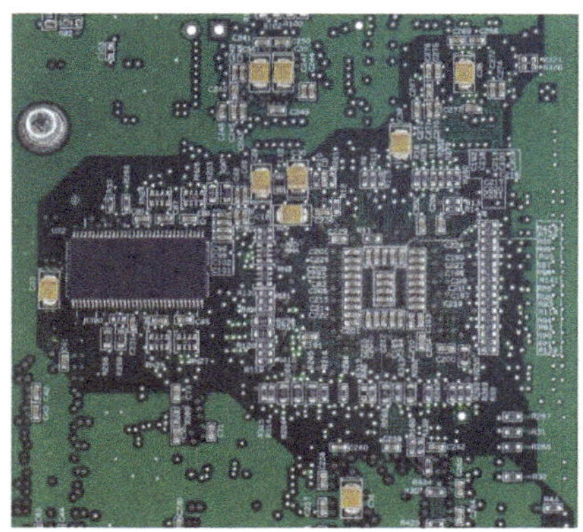

Forse hai già sentito il termine "embedded system". Forse ti sei anche chiesto spesso cos'è in realtà e a cosa serve.

In termini semplici, un sistema embedded descrive la presenza di un tipo di computer in un sistema tecnico o su un circuito (come nel caso di Arduino) che esegue la trasmissione dei segnali o l'elaborazione dei dati dei segnali in entrata e in uscita. Questa elaborazione è fatta da un microcontrollore, che è un computer molto piccolo. Questo microcontrollore è progettato per svolgere determinate funzioni e fondamentalmente non è altro che un piccolo sistema informatico costituito da un chip a semiconduttore.

Si può programmare il microcontrollore utilizzando il software del PC per eseguire le operazioni.

Come esempio, puoi vedere un sistema controllato da un Arduino UNO nell'illustrazione qui sotto. Questo sistema commuta la potenza di due dispositivi (aria condizionata e riscaldamento elettrico) a seconda della temperatura e del tempo. Durante le ore non di punta (i dati sono ottenuti dal fornitore di energia), cerca di far corrispondere la bolletta elettrica con la temperatura della stanza. Un limite di budget per il prezzo dell'elettricità può essere impostato con il potenziometro RV1. Cerca anche di accendere il condizionatore d'aria di notte e di spegnerlo durante le ore di lavoro (6 giorni a settimana). In questo circuito, la temperatura viene misurata utilizzando un sensore di temperatura LM35 e visualizzata sul display LCD. In questo complesso sistema, Arduino attiva l'aria condizionata e il riscaldamento coordinando la temperatura, il tempo e l'elettricità (tre feedback).

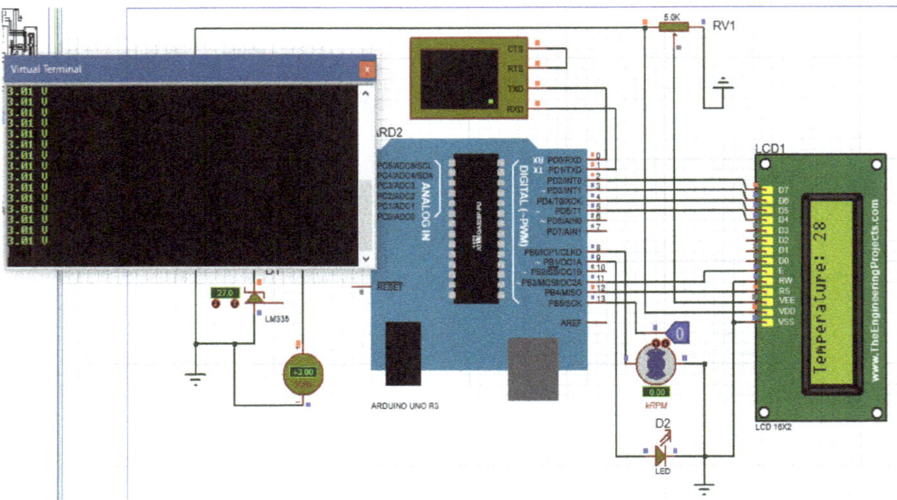

Questo esempio ha il solo scopo di mostrare cosa è possibile fare con un Arduino e che anche sistemi complessi sono possibili. Naturalmente, inizieremo in modo molto più semplice in uno dei prossimi capitoli e impareremo tutto passo dopo passo. Quindi non avere paura!

Il sistema può essere un sistema stand-alone, ma può anche lavorare insieme ad altri sistemi per eseguire un compito comune. In ogni sistema embedded, ci sono circuiti che eseguono le funzioni e inviano o ricevono istruzioni, cioè trasmettono dati sotto forma di tensione con l'aiuto di elementi conduttivi.

Nella sua forma più semplice, un sistema embedded consiste nei seguenti componenti principali: Processore, sensore, attuatore e un convertitore analogico-digitale e un convertitore digitale-analogico. Guarderemo questi componenti un po' più in dettaglio qui di seguito.

Sensore:

Un sensore è un componente che può convertire i cambiamenti fisici nel mondo reale in un segnale elettrico che può essere utilizzato da un computer o da un sistema elettrico per elaborare i dati. Pensalo come gli organi sensoriali di una persona. Con l'aiuto di occhi, orecchie e altri organi sensoriali, il nostro cervello può interpretare il mondo esterno e quindi crearne un'immagine. E puoi immaginarlo in modo simile con i sistemi informatici. In questo esempio, i sensori starebbero per gli organi di senso e il microcontrollore per il cervello. I segnali elettrici provenienti dai sensori al microcontrollore permettono al sistema embedded o al microcontrollore di interpretare ciò che accade nel mondo esterno e poi eseguire una reazione o un programma dato da un programmatore per uno scenario per mezzo di un codice.

Convertitore da analogico a digitale:

Un altro componente importante di un sistema embedded è il convertitore analogico-digitale. Questo converte i segnali analogici (impulsi elettrici) inviati dai sensori in un segnale digitale. Per questo, come già sappiamo, viene utilizzato il sistema binario, cioè i due numeri 1 e 0. Questi numeri binari rappresentano il linguaggio del sistema in cui un microcontrollore può "capire" e "reagire". La differenza tra segnali analogici e digitali è, tra le altre cose, che un segnale analogico può essere il portatore di diversi pezzi di informazione, mentre con un segnale digitale, si può assegnare un unico pezzo di informazione ad ogni segnale. Un segnale analogico quindi "confonderebbe" il microcontrollore, per dirla tutta.

Processore:

I processori sono il cuore di ogni sistema embedded. Un processore esegue tutti i compiti relativi ai dati che riceve. Questo componente quindi riceve i dati, li memorizza, li elabora e dice al sistema in che modo deve reagire a questi dati.

Convertitore digitale/analogico:

Un convertitore digitale-analogico è fondamentalmente l'opposto di un convertitore analogico-digitale. Converte il segnale digitale inviato dal microcontrollore (che a sua volta è la reazione al segnale analogico in ingresso convertito in digitale) in un segnale analogico. Perché il segnale digitale viene riconvertito in un segnale analogico? Semplicemente perché un segnale analogico può essere compreso da dispositivi fisici o attuatori.

Attuatore / attuatore:

Un attuatore (ad esempio un motore elettrico) converte il segnale analogico ricevuto dal microcontrollore e dal convertitore digitale-analogico in un'azione fisica. Ci sono attuatori meccanici, acustici, chimici, termici e ottici che possono eseguire azioni fisiche nel mondo reale secondo il loro design. Questo è il modo in cui i sistemi embedded interagiscono con l'ambiente.

Questo si traduce in alcuni passi da fare quando si crea o si progetta un sistema Arduino.

1) Per prima cosa pensiamo a quale **compito il** nostro sistema embedded, cioè il nostro Arduino, dovrebbe eseguire (ad esempio, alzare le tende quando il sole sorge).
2) Poi pensiamo a quali **sensori abbiamo** bisogno per questo (ad esempio il sensore di luce).
3) Inoltre, dobbiamo pensare al **codice del programma** per questo compito (non preoccuparti, ci arriveremo)
4) E abbiamo ancora bisogno di un **attuatore** per eseguire il compito (ad esempio un motore)
5) Naturalmente, dobbiamo anche costruire **il** circuito **con** i **componenti** secondo uno schema circuitale precedentemente considerato.

4 L'hardware della scheda Arduino

In questo capitolo, diamo un'occhiata all'hardware, cioè la scheda di Arduino Uno. Ogni pin di una scheda Arduino è etichettato con un numero o una denominazione. La scheda funziona con 5V. Di seguito, daremo un'occhiata più da vicino ai componenti di un Arduino, in questo caso l'Arduino "Uno". Alcuni dei componenti più importanti della scheda Arduino sono:

I pin digitali possono fornire una tensione di 5V o 0V. Allo stesso modo, questi possono anche "rilevare" se una tensione è presente su un pin e se questo è 5V o 0V. Logicamente, quest'ultimo è il caso in cui non c'è tensione. Possiamo definire nel codice del nostro programma se un pin deve essere utilizzato come uscita o come ingresso. Vedremo più avanti come funziona.

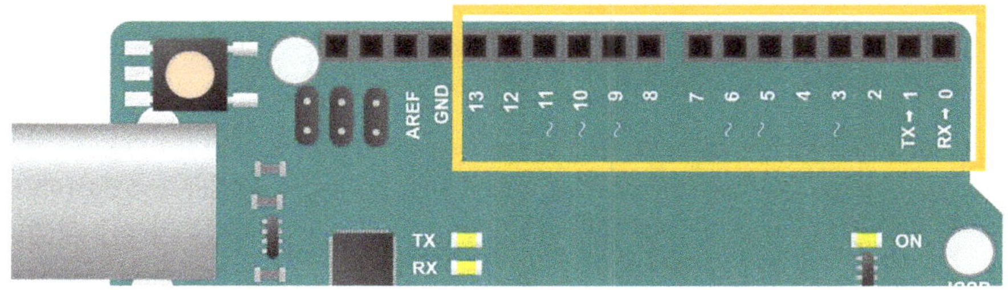

Un LED interno è collegato al **pin 13 di** Arduino. Questo LED può essere utile in molte situazioni. Ci occuperemo di questo più tardi.

Un altro **LED** è collegato al **pin di alimentazione** per indicare se Arduino sta ricevendo energia.

Il **microcontrollore ATmega** la scheda, controlla tutti i segnali di ingresso e uscita e serve come centro di controllo digitale di Arduino. È il processore della scheda e successivamente contiene anche il codice del programma trasmesso dall'utente.

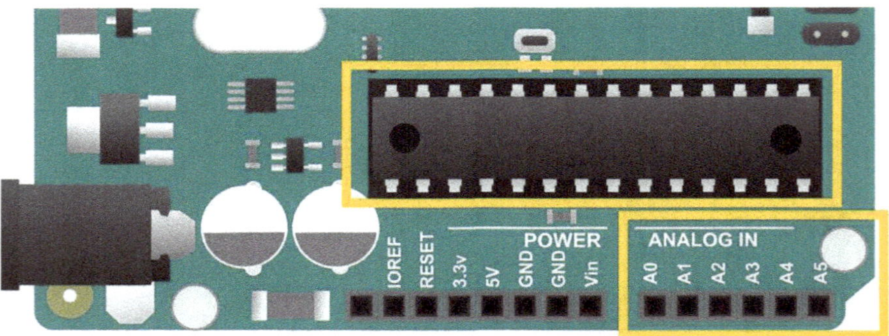

Cinque pin analogici ("analog in") sono utilizzati per leggere la tensione analogica e convertirla in tensione digitale. Questo viene fatto con l'aiuto di un convertitore analogico-digitale, che abbiamo già imparato a conoscere.

I due pin "GND" e "5V" sono utilizzati per fornire tensione ai circuiti in un progetto. È disponibile anche un pin di alimentazione "**3.3V".** "GND" sta per "terra", cioè il polo negativo della scheda.

La scheda può essere **alimentata** tramite un cavo USB o una presa di corrente. Arduino può lavorare con tensioni da 5 a 12V. Importante: in nessun caso dovrebbe essere applicata una tensione superiore!

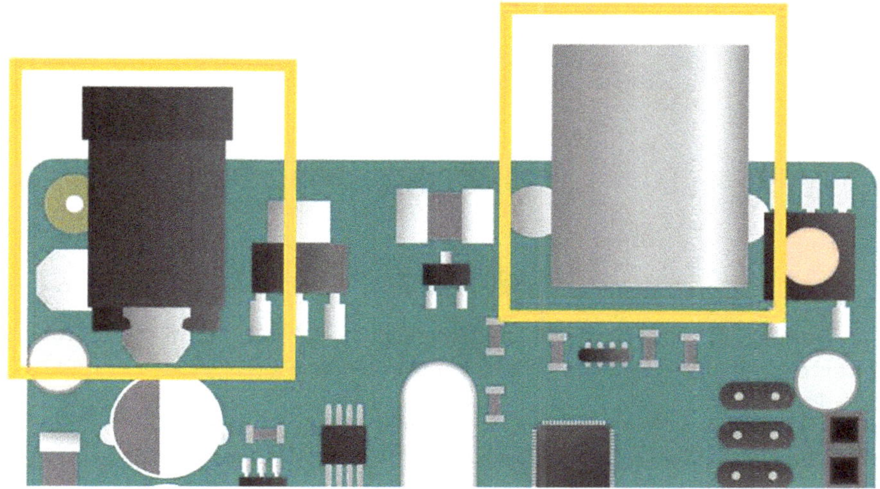

I due **pin** etichettati **"TX" e "RX"** sono collegati ai LED e indicano quando la comunicazione sta avvenendo, cioè se un segnale viene elaborato o meno, per esempio. Questo è particolarmente importante per la risoluzione dei problemi, che può essere semplificata notevolmente.

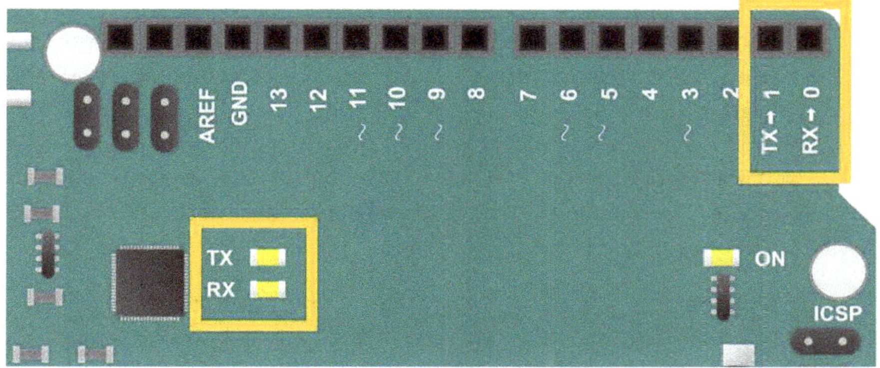

Infine, Arduino può comunicare con il computer tramite una porta **USB** (ad esempio per trasferire il codice del programma al processore).

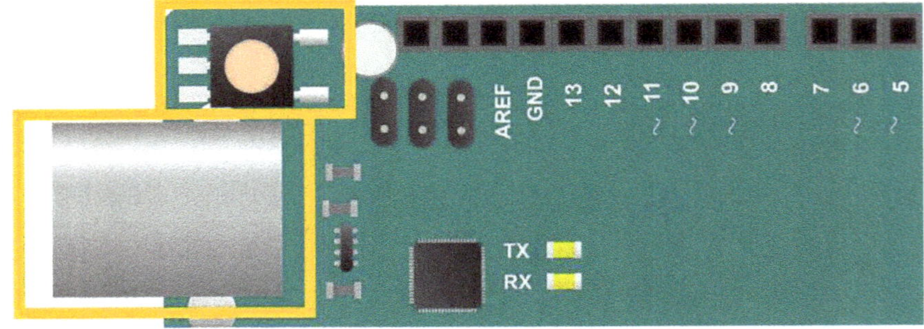

Puoi resettare il codice in qualsiasi momento con un **pulsante di reset.** Questo pulsante ferma tutte le funzioni che la scheda esegue e la riavvia.

Trascureremo gli altri elementi e le connessioni per il momento, dato che ci torneremo più tardi, o capiremo l'uso pratico delle connessioni nei progetti pratici.

Nel prossimo capitolo ci allontaniamo dall'hardware e diamo uno sguardo al software Arduino. Resta sintonizzato, dopo le basi, ci aspettano progetti eccitanti e grandiosi da realizzare.

Scheda plug-in / breadboard per l'espansione:

Una scheda plug-in, chiamata anche breadboard, è il modo migliore per costruire un circuito non appena diventa un po' più complesso o contiene diverse parti. Con una breadboard, c'è un'area per l'alimentazione della breadboard (impronta + e -) e aree con lettere e numeri. I pin che sono in fila (lettere: a-e e f-j; c'è una separazione non conduttiva in mezzo) sono collegati conduttivamente tra loro. Questo significa, per esempio, che h1 e i1 o h5 e i5 e j5 sono collegati conduttivamente. I componenti e i cavi sono inseriti nei rispettivi pin e quindi collegati tra loro.

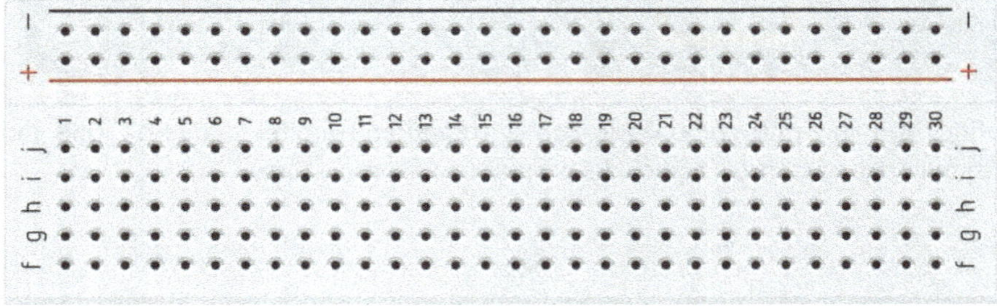

5 Il software Arduino (IDE)

L'Arduino "Integrated Development Environment", comunemente conosciuto come Arduino Software (IDE), consiste in

- un editor basato sul testo per scrivere linee di codice
- una sezione di notizie
- una barra degli strumenti
- diversi menu

Il software può essere collegato a un microcontrollore o alla scheda Arduino per caricare i codici per eseguire un programma. Scarica il software qui: https://www.arduino.cc/en/software. Qui sotto vediamo un'immagine dell'ambiente IDE di Arduino:

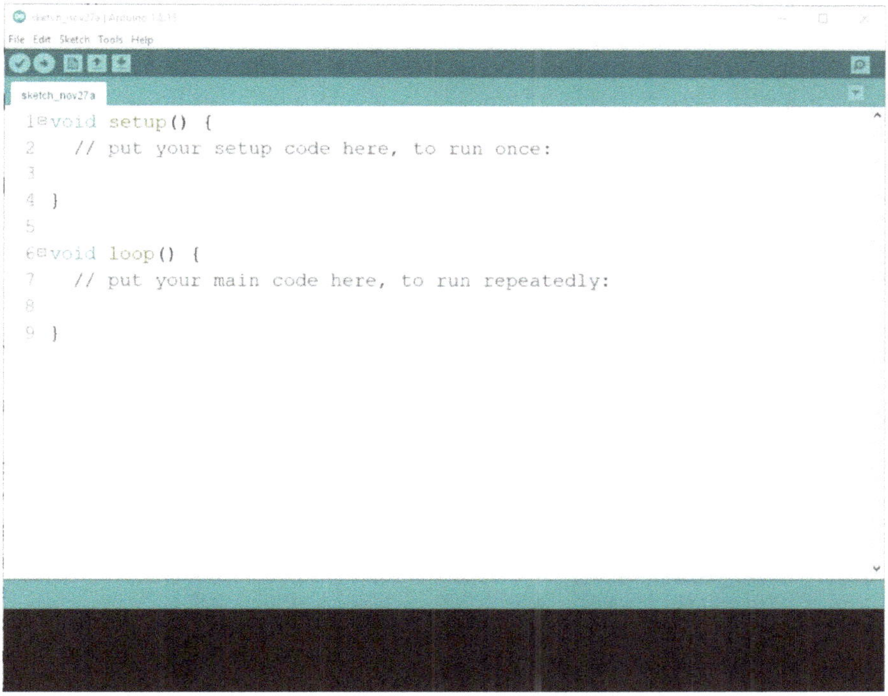

File Edit Sketch Tools Help

sketch_nov27a

```
void setup() {
  // put your setup code here, to run once:

}

void loop() {
  // put your main code here, to run repeatedly:

}
```

Nel capitolo seguente, vedremo come scrivere un codice di programma nell'IDE di Arduino, che potrai poi eseguire sulla scheda Arduino. Ma prima, diamo un'occhiata ad un metodo alternativo per programmare un Arduino.

6 Scrivere il codice di un programma per Arduino

6.1 Introduzione alla programmazione

Prima di guardare l'IDE di Arduino in modo più dettagliato e imparare come creare un codice programma in esso, impareremo prima il metodo di programmazione a blocchi. Questa è semplicemente un'alternativa alla programmazione (un po' più complicata) basata sul testo che segue.

6.1.1 Programmazione a blocchi

La programmazione a blocchi è la forma più semplice di programmazione. Questo è principalmente utile e ottimo per le persone che non hanno esperienza con la programmazione, perché puoi raggiungere il successo rapidamente e facilmente. Puoi immaginarlo come se mettessi dei blocchi di costruzione uno sopra l'altro nel software, ognuno dei quali ha una funzione specifica. Devi solo mettere insieme questi "mattoni" in modo ordinato e significativo per ottenere il codice finito. Per i principianti, questo tipo di programmazione è molto utile per imparare le basi della programmazione, i metodi e il funzionamento generale.

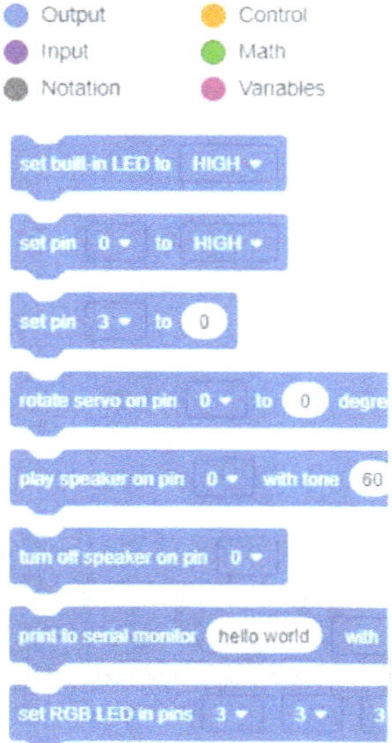

Il modo migliore per iniziare con la programmazione a blocchi di Arduino è utilizzare il software TinkerCad di Autodesk. TinkerCad è una piattaforma online dove, tra le altre cose, puoi programmare rapidamente e facilmente un Arduino usando la programmazione a blocchi appena presentata. Dopo aver creato un account su https://www.tinkercad.com/, puoi iniziare. Attraverso la programmazione a blocchi, otteniamo principalmente i seguenti tre vantaggi:

1. come principianti, non dobbiamo aver paura di piccoli ma essenziali errori nella sintassi (la struttura del programma).

2. possiamo così concentrarci sul compito principale senza preoccuparci dell'interfaccia di programmazione.

3. possiamo familiarizzare con la struttura e il processo di base della programmazione basata sul testo attraverso i blocchi dati ("learning by doing").

I blocchi di codice sono divisi in diverse categorie. Queste categorie sono anche codificate a colori per una migliore chiarezza. Le seguenti categorie sono disponibili per la selezione:

"Output"

Questi blocchi sono utilizzati per istruire gli attuatori su cosa fare (tramite il microcontrollore). Quindi controlliamo i segnali di uscita attraverso questo.

"Input"

Con l'aiuto di questi blocchi, portiamo i dati dai sensori (cioè i segnali di ingresso) ai microcontrollori.

"Notation" (commenti)

I blocchi che si trovano in questa categoria non influenzano direttamente il codice di Arduino, ma sono utilizzati per indicare cosa fa effettivamente il codice del programma. Questi blocchi aiutano l'utente a capire il codice del programma.

"Control"

Le strutture di controllo aiutano a permettere al microcontrollore di prendere decisioni basate sui dati che riceve.

"Variables"

Le variabili sono valori mutevoli che il programma utilizza per eseguire funzioni matematiche o per memorizzare dati.

Quando usiamo i blocchi delle diverse categorie su TinkerCad, si allineano tra loro come in un diagramma di flusso. Ma guardiamo un esempio relativamente semplice. Per esempio, vorremmo controllare un LED utilizzando la programmazione a blocchi e TinkerCad. Nel nostro esempio, colleghiamo un LED al pin 2 (vedi foto) di Arduino. Abbiamo anche messo una resistenza tra il pin negativo del LED e il terminale negativo della scheda Arduino ("GND") per controllare la quantità di corrente che passa. Questa resistenza ci aiuterà a controllare la quantità di corrente che scorre attraverso il LED e impedirà al LED di bruciarsi.

Per esempio, se ora aggiungiamo il primo blocco dalla categoria "Output" in TinkerCad, come mostrato nella figura seguente, possiamo usarlo per accendere il LED.

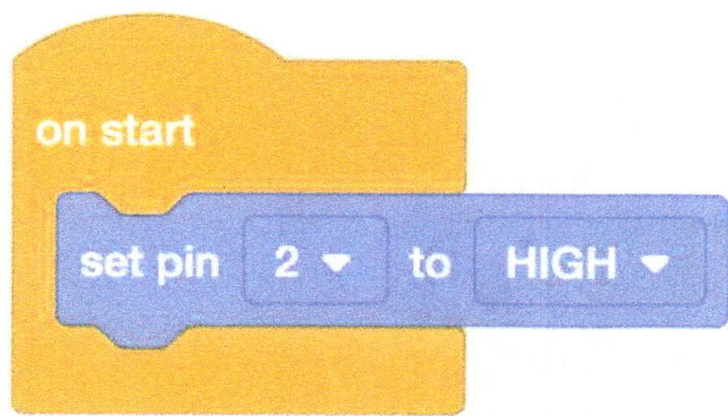

Inoltre, questo implementa automaticamente le seguenti circostanze nel codice del programma (senza che noi dobbiamo programmarle separatamente):

1. il pin 2 è definito come pin di uscita

2. il pin 2 non può più essere utilizzato come pin di ingresso.

3. nel codice: "setup ()" il LED è collegato al pin 2 di Arduino.

4. l'effettiva accensione del LED

Gioca con TinkerCad e con le possibilità della programmazione a blocchi. Questo è il modo migliore per imparare. Nel frattempo, continuiamo con i preparativi per il metodo di programmazione basato sul testo - che è principalmente trattato in questo libro.

6.1.2 Nozioni di base per l'utilizzo dell'IDE di Arduino

Nel software Arduino, usi l'editor di testo integrato per scrivere il codice per Arduino. Il codice scritto con il software Arduino è chiamato "sketch". L'editor include le seguenti funzioni, tra le altre: Taglia & Incolla e Cerca & Sostituisci. L'area dei messaggi fornisce la risposta dell'IDE quando viene scritto del codice. Tale risposta può anche essere un messaggio di errore, per esempio. La console fornisce messaggi di output basati sul testo forniti dal software Arduino (IDE) (ad esempio informazioni generali, messaggi di errore). Un codice Arduino può essere salvato con l'estensione del file ". ino" quando è pronto.

Nell'angolo in basso a destra della finestra, viene visualizzata la scheda Arduino configurata e il numero di serie. I pulsanti della barra degli strumenti ti danno le opzioni per controllare e caricare i programmi, creare "sketch", aprire e salvare e aprire il monitor seriale. Usando il monitor seriale, puoi vedere quali informazioni Arduino sta inviando al PC (mappa la comunicazione tra Arduino e il PC).

Nel prossimo passo, familiarizziamo in dettaglio con gli elementi del programma. Diamo un'occhiata alla barra dei comandi con le icone, che si trova nell'area superiore.

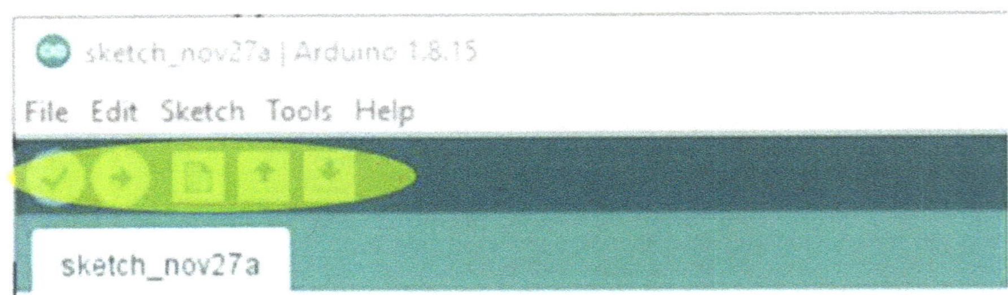

Il piccolo segno di spunta è utilizzato per controllare che il codice inserito non contenga errori prima della compilazione. Compilare significa che tu o il programma traducete il linguaggio di programmazione nel linguaggio macchina del computer. La compilazione inizia automaticamente con un clic sulla spunta.

Con la freccia a destra del segno di spunta che punta a destra, puoi caricare il tuo codice sulla scheda Arduino configurata (deve essere collegata tramite una porta USB per questo).

Con le frecce che puntano in alto e in basso, puoi aprire o salvare uno "sketch". Quando clicchi sulla freccia aperta, troverai anche degli schizzi di esempio.

Il pulsante accanto, che sembra un documento, serve per creare un nuovo schizzo.

E la piccola lente d'ingrandimento sul lato destro (foto sopra) del programma apre il monitor seriale. Come già detto, questo viene utilizzato per monitorare la comunicazione tra Arduino e il PC / software e viceversa.

6.1.3 Biblioteche (Libraries)

Le librerie sono un'estensione che ci permette di dare ad Arduino funzioni aggiuntive in modo semplice e veloce. Fondamentalmente non è altro che codice che è già stato scritto da membri desiderosi della comunità. Soprattutto per i principianti e i novizi di Arduino, questo è un enorme aiuto in termini di tempo e di sforzo. Puoi utilizzare una libreria importandola. Lo fai nell'IDE del software Arduino nel menu in alto sotto "Sketch". Qui selezioni "Include Library" e poi selezioni la libreria che vuoi. Avrai quindi le istruzioni #include all'inizio del codice. In alternativa, puoi semplicemente scriverli direttamente all'inizio del codice del programma se conosci il nome della libreria. Il gestore delle librerie è utilizzato per installare nuove librerie nello "Sketch". Per farlo, apri il programma (IDE) e clicca sul menu "Sketch" e poi su "Include Library" e poi seleziona "Manage Libraries".

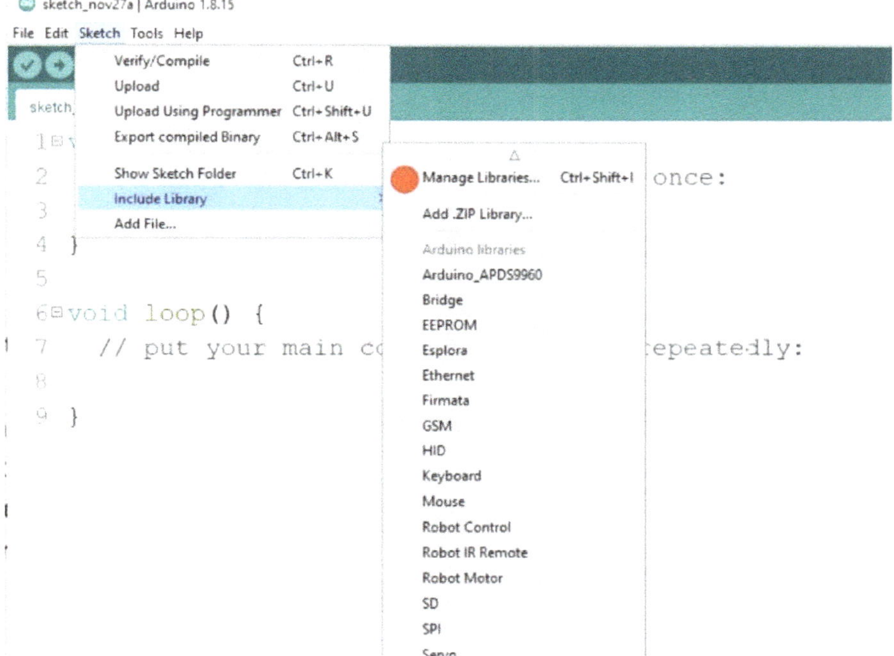

Nel gestore delle librerie troviamo poi una lista di librerie che sono già installate o pronte per l'installazione. Ora cerchiamo, per esempio, la libreria IMU (ancora nella scheda: "Manage Libraries"). Per farlo, digitiamo semplicemente l'abbreviazione: IMU nel campo di ricerca (posizione: in alto a destra). Poi possiamo selezionare la versione della libreria. IMU è l'abbreviazione di "Inertial Measurement Unit" ed è il nome di un'unità di misura / rete di sensori che viene utilizzata per misurare l'accelerazione e la velocità di rotazione.

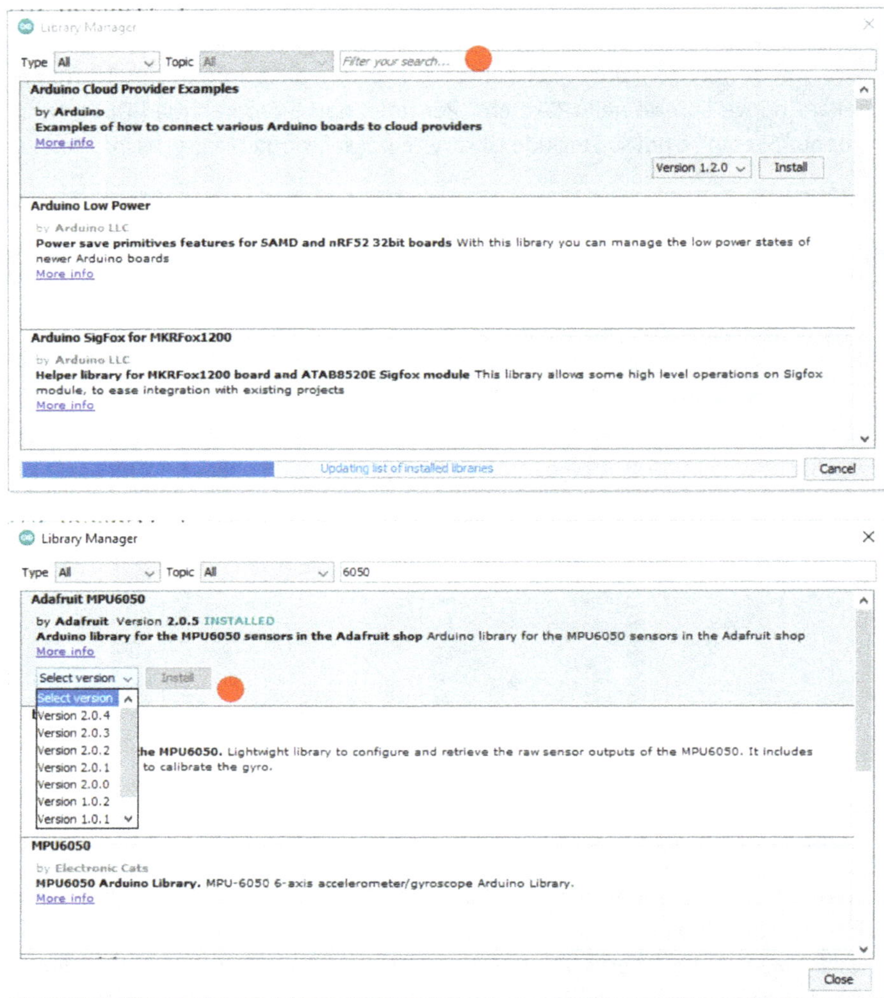

Dopo aver selezionato l'ultima versione, possiamo cliccare sul pulsante "Install" e poi dobbiamo aspettare brevemente che la nuova libreria sia stata installata. Se passiamo di nuovo alla voce di menu "Include Library", possiamo controllare se la libreria è ora presente e se l'installazione ha avuto successo.

Importa manualmente una libreria:

Le biblioteche nuove o richieste possono anche essere trovate online. Questi possono essere scaricati e installati come file compressi "zip". La maggior parte delle librerie possono essere trovate su GitHub (github.com). Github è una piattaforma di gestione / comunità per lo sviluppo del software. Una volta che hai scaricato una libreria, puoi caricarla nel programma nel modo seguente: Nell'IDE di Arduino, vai su "Sketch", poi su "Include Library" e poi seleziona "Add .ZIP Library...".

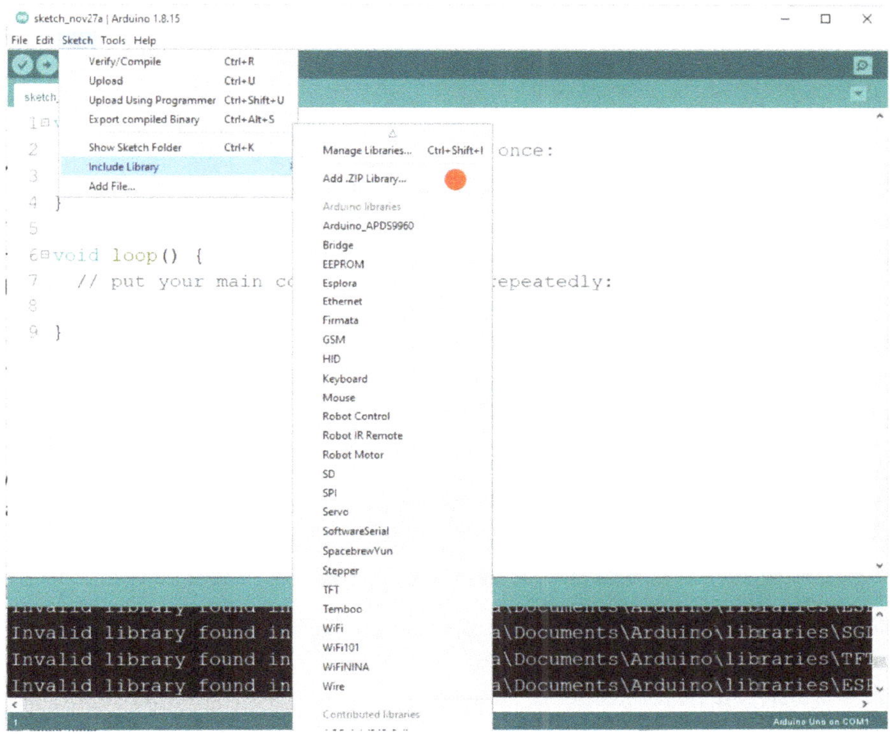

Poi ci viene chiesto di specificare la posizione della libreria desiderata. Naviga fino alla posizione del file scaricato e selezionalo.

Ti dirò di quali librerie abbiamo bisogno per i nostri progetti successivi all'inizio di ogni progetto.

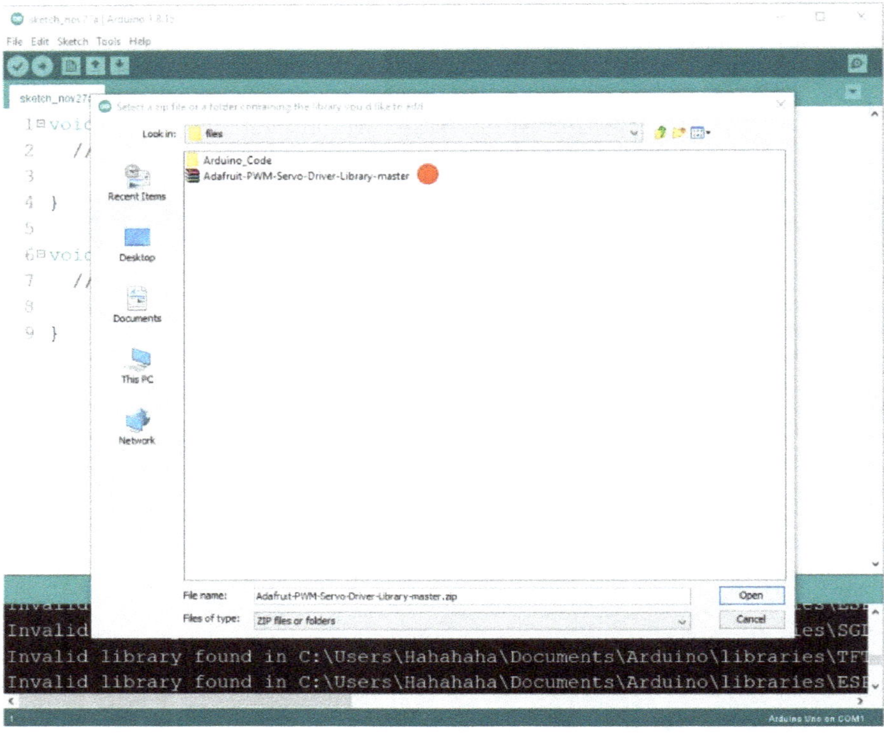

Se poi clicchiamo di nuovo nella barra del menu superiore sulla scheda "Sketch" e poi su "Include Library", possiamo - se il processo ha avuto successo - vedere la libreria installata nell'area inferiore del menu a discesa. Ora la libreria è pronta per l'uso.

Ti dirò di quali librerie abbiamo bisogno per i nostri progetti successivi all'inizio di ogni progetto.

6.1.4 Monitoraggio seriale

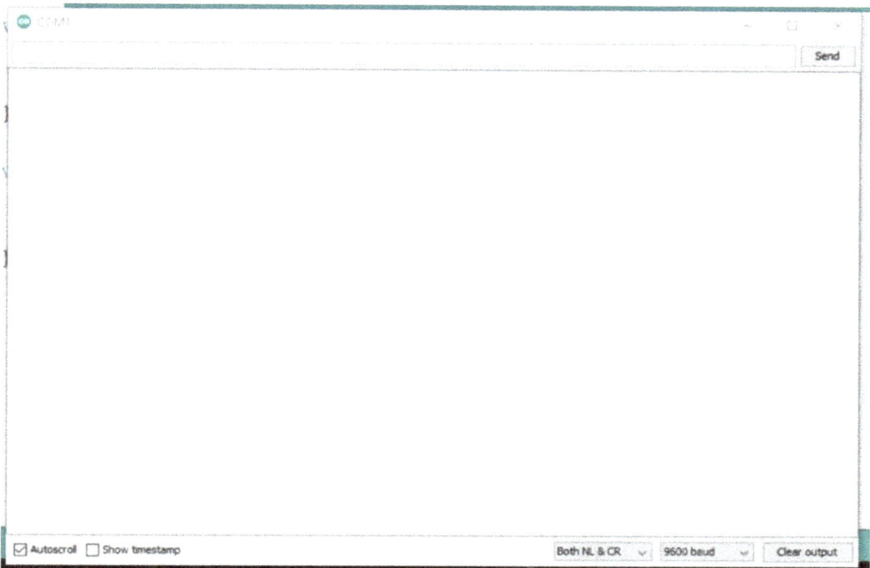

Il monitor seriale è utilizzato per visualizzare i dati inviati da Arduino al computer. Qui è importante impostare il baud rate corretto. Seleziona il baud rate (in basso a destra) in modo che corrisponda alla velocità definita nell'ambiente "Sketch" in "Serial.begin()". Capirai esattamente cosa significa quando arriveremo ai progetti pratici. Quindi è meglio leggere prima se non capisci subito qualcosa. Dovrebbe essere chiaro alla fine del libro.

6.2 Basi per la programmazione testuale di Arduino

Per non dover lavorare esclusivamente con la programmazione a blocchi, in questo capitolo vorremmo anche conoscere la programmazione Arduino basata sul testo. Questo tipo di programmazione è un po' più difficile perché dobbiamo conoscere l'esatta sintassi e le funzioni. Il codice di Arduino è scritto nel linguaggio di programmazione C++. Pertanto, questo capitolo darà una panoramica di base della struttura di un codice Arduino basato sul testo, oltre a introdurre le funzioni, i valori e le strutture più importanti. Dopo aver lavorato attraverso questo capitolo, arriviamo anche alla programmazione molto pratica e alla realizzazione di alcuni grandi progetti Arduino.

6.2.1 Struttura di un codice Arduino

Scriviamo il codice nell'IDE di Arduino nell'editor basato sul testo in un cosiddetto "sketch". Questo contiene il codice completo, che viene poi trasferito al microcontrollore Arduino con il pulsante Carica (freccia destra). Prima di fare questo, devi ancora cliccare sul segno di spunta per compilare il codice.

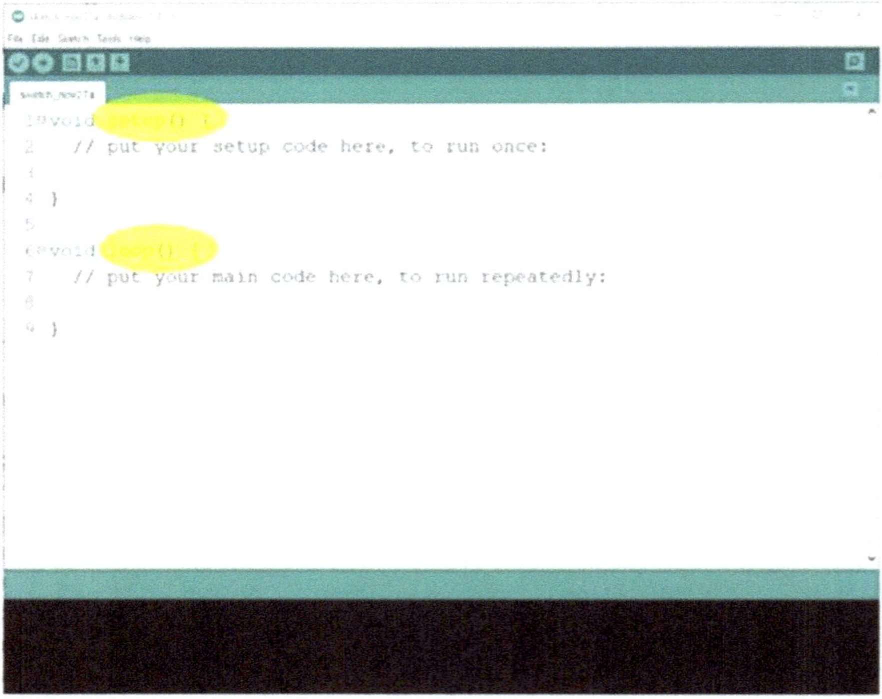

Per qualsiasi codice scritto per Arduino, ci sono due componenti essenziali:

Il primo di questi è "setup ()". Il codice all'interno delle seguenti parentesi graffe { } di questa funzione viene eseguito solo una volta e tutte le informazioni e strutture rilevanti e importanti per il codice successivo sono elencate qui. Per esempio, qui diciamo al microcontrollore quali pin sono usati come ingressi e quali pin sono usati come uscite.

L'altro componente essenziale è "loop ()". La funzione "loop ()" crea un ciclo. Questo significa che il codice all'interno delle seguenti parentesi graffe { } viene eseguito ancora e ancora e non solo una volta. Ogni compito che il microcontrollore deve eseguire è scritto qui. Quindi il codice di base è scritto qui.

6.2.2 Sintassi (struttura del programma) per il codice Arduino

Per prima cosa familiarizziamo con la struttura generale del programma (sintassi) quando si programma il codice Arduino. Puoi immaginare la sintassi come i segni di punteggiatura e i paragrafi in un testo. Dopo una frase, per esempio, si mette un punto fermo, ma con Arduino si mette un punto e virgola dopo ogni riga di codice. Inoltre, dobbiamo aderire alla seguente struttura:

{ } Le parentesi graffe sono utilizzate per iniziare e fermare una funzione. Quando la funzione viene eseguita, il codice all'interno di queste parentesi graffe viene eseguito.

Un punto e virgola dice al codice che la linea di codice corrente è finita.

// Due barre sono usate per scrivere un commento per rendere più facile per un umano capire cosa sta facendo il codice. Tutte le linee di codice che iniziano con questi caratteri vengono ignorate dal microcontrollore.

/* Un commento multilinea può anche essere iniziato con una barra seguita da un asterisco. Quando hai finito, imposta la stringa di caratteri nella direzione opposta, cioè prima un asterisco e poi una barra ***/**. Tutte le linee di codice tra questi caratteri sono anche ignorate dal microcontrollore.

Con **#define** puoi assegnare un nome ad una variabile costante.

Con **#include** puoi includere una libreria esterna nel codice.

Consiglio pratico: se un codice non funziona o il software dà un errore durante la compilazione, dovresti sempre controllare prima se hai usato tutti gli elementi di sintassi correttamente. Per esempio, controlla se c'è un ; dopo ogni linea di codice o se tutti i commenti iniziano con // o se tutte le parentesi necessarie (aperte e chiuse) sono state impostate.

6.2.3 Operatori di base nella programmazione di Arduino

I seguenti operatori sono utilizzati durante la programmazione in codice per definire comandi logici quando si programma il codice Arduino:

== Due segni uguali significano l'uguaglianza di due variabili, ad esempio x == y (x e y entrambi uguali).

!= Un punto esclamativo seguito da un segno uguale significa disuguale.

< significa meno di un'altra variabile (es. x < y; x è meno di y).

> significa maggiore di un'altra variabile.

<= meno di o uguale ad un'altra variabile.

>= significa maggiore o uguale ad un'altra variabile.

% Con il segno di percentuale puoi ottenere il resto di un'operazione matematica.

* Un asterisco è usato per la moltiplicazione.

Il + è utilizzato per l'addizione.

- è usato per la sottrazione.

/ è usato per la divisione.

= è utilizzato per assegnare un valore ad una variabile.

operatore **&&** per AND logico (il valore è vero se entrambi gli operatori sono veri).

|| Operatore per OR logico (il valore è vero se uno dei due operatori è vero).

* Valore memorizzato nell'indirizzo utilizzato.

++ significa aggiungere 1 ad una variabile.

-- significa sottrarre 1 da una variabile.

+= Abbreviazione per es. x += y → x = x + y.

-= Abbreviazione per es. x -= y → x = x - y.

6.2.4 Tipi di dati di base per la programmazione di Arduino

array contiene diversi valori per una variabile.

boolean memorizza lo stato binario di una variabile (vero o falso).

byte memorizza un valore byte.

char memorizza un carattere.

float memorizza un valore a 4 byte in forma decimale.

double memorizza un valore di 8 byte; anche in forma decimale.

int memorizza un numero di 4 byte.

long memorizza un numero di 8 byte.

size_t memorizza la dimensione di una variabile in byte.

string salva un testo.

unsigned seguito da ad esempio **int** o **long** o altri aiuti con numeri negativi (viene eseguita una considerazione senza segno).

void è utilizzato per le dichiarazioni di funzioni che non restituiscono un valore alla fine della funzione.

6.2.5 Costanti e variabili

Quando si programma per Arduino, i dati o i valori possono essere sia una costante che una variabile. Ecco la differenza:

Costanti:

Una costante è un valore fisso, cioè un elemento di dati a cui è stato assegnato un valore in modo permanente.

La costante **HIGH** significa che il microcontrollore dovrebbe applicare 5V ad un pin (anche questo pin deve essere definito).

La costante **LOW**, invece, significa che Arduino dovrebbe applicare 0V ad un pin (il quale pin deve anche essere definito).

Il termine **true** è utilizzato per definire che una certa affermazione è corretta.

Il termine **false** è utilizzato per definire che una certa affermazione è falsa.

INPUT definisce che un pin (da determinare) è usato per un segnale di ingresso, cioè che il microcontrollore deve leggere quale tensione è presente su questo pin.

OUTPUT definisce che un pin (da determinare) è utilizzato per un segnale di uscita, cioè che il microcontrollore deve applicare 0V o 5V (HIGH o LOW) a questo pin.

INPUT_PULLUP è utilizzato per collegare una resistenza interna ad un pin.

LED_BUILTIN è utilizzato per controllare un LED collegato al pin 13 di Arduino.

int descrive un valore numerico fisso (intero).

Variabili:

Una variabile è un elemento di dati nel programma Arduino che associa un nome o una lettera ad un valore assegnato. Definire una variabile è chiamato dichiarare una variabile nel linguaggio di programmazione. Puoi eseguire tutti i tipi di operazioni matematiche con una variabile.

Per esempio:

int x = 45;

Usando questa linea di codice, dichiariamo una **variabile intera che** si chiama **x** e ha un valore di **45**. Una volta che abbiamo dichiarato la variabile in questo modo, possiamo usarla nel nostro programma. Tale dichiarazione deve sempre avvenire prima, altrimenti il microcontrollore non conoscerà la variabile.

Ora possiamo calcolare con questa variabile, per esempio, e aggiungere il valore 10 a questa variabile. Questo sarebbe quindi come questo:

x=x+10;

Questa linea di codice dice che il nuovo valore di x è uguale al vecchio valore di x più la costante 10.

Possiamo anche trasferire il valore da una variabile all'altra. Lo facciamo scrivendo la nuova variabile a sinistra e la variabile originale a destra.

Per esempio, vogliamo memorizzare il valore di x in una nuova variabile, per esempio nella variabile y. Allora dobbiamo scrivere:

y=x;

Una volta che una variabile è stata dichiarata, è associata al valore memorizzato per tutto il programma. Se proviamo ad assegnare questo nome ad un altro tipo di dati, l'IDE darà un messaggio di errore.

Anche l'ambito della variabile dichiarata è essenziale. Questo significa molto semplicemente: se dichiariamo una variabile all'inizio del programma, possiamo usarla ovunque nel programma. Tuttavia, se dichiariamo una variabile solo in una certa funzione, allora la variabile può essere utilizzata solo in questa funzione.

Nel codice seguente, possiamo dichiarare tre variabili come esempio e considerare qual è l'ambito di queste variabili.

int x=0;

```
void setup()
{}
void loop()
{
int y=10;
}
void new_function()
{
int z=15;
}
```

Quindi ora abbiamo dichiarato tre variabili chiamate x, y e z. Che mi dici della portata?

x è una variabile globale e può essere utilizzata in qualsiasi funzione (dichiarata all'inizio del codice del programma), y è stata dichiarata nell'ambito di void loop (), quindi può essere utilizzata solo in quell'ambito, e z è stata dichiarata in void new_function (), quindi di nuovo può essere utilizzata solo in quella specifica funzione. Quindi fai sempre attenzione a quali variabili dichiari in quale posto.

6.2.5 Controllare il funzionamento di Arduino

Per combinare le singole variabili, gli operatori e le costanti in una funzione o in una struttura funzionante, abbiamo bisogno di espressioni che creano un controllo o un comando. I più importanti sono i seguenti:

If è utilizzato per controllare una condizione ed è usato per eseguire un'operazione quando quella condizione è soddisfatta.

else è utilizzato per l'azione da eseguire se la condizione non è soddisfatta.

else if è utilizzato quando una seconda condizione deve essere controllata se la prima condizione non è soddisfatta.

break ferma il codice in un ciclo.

continue riavvia il codice nel ciclo.

while è utilizzato per creare un piccolo ciclo all'interno di un codice. Questo viene eseguito fino a quando non viene soddisfatta una condizione definita.

for è utilizzato per creare un ciclo che viene eseguito con un numero definito di operazioni.

do while... è usato per creare un piccolo ciclo che viene eseguito fino a quando una condizione è soddisfatta

goto fa continuare il programma in una certa linea.

return restituirà un valore specifico alla fine della funzione.

6.2.6 Funzioni

Le funzioni non sono fondamentalmente altro che abbreviazioni per un segmento di codice che dovresti effettivamente scrivere ancora e ancora per una certa azione. Dato che alcune azioni sono necessarie frequentemente, ha senso raggrupparle in certe espressioni - le funzioni. Le funzioni sono semplicemente dichiarate come le variabili.

Inoltre, le funzioni portano altri vantaggi. Alcuni dei vantaggi che le funzioni ci offrono sono:

- Il codice rimane organizzato e strutturato.

- Il debugging (cioè la risoluzione dei problemi se il codice non funziona) del codice diventa molto facile.

- Il codice è efficiente e chiaro.

- Il codice è semplice da comprendere per un nuovo utente.

Come esempio, possiamo creare una funzione qui sotto che aggiunge due numeri:

```
int x=0;
int y=10;
int z=0;

void setup()
{}

void loop()
{
test_function();
}

void test_function()
{
```

```
z=x+y;
}
```

In questo codice abbiamo dichiarato una funzione chiamata test_function. All'inizio abbiamo usato la parola void, che significa che la funzione non restituisce un valore, ma esegue solo l'azione, cioè aggiunge x e y e poi li memorizza in z.

Se vogliamo emettere il valore di z, dobbiamo costruire la funzione come segue:

```
int x=0;
int y=10;
int z=0;

void setup()
{}

void loop()
{
int a=test_function();
}

int test_function()
{
z=x+y;
return z;
}
```

Questa funzione è di tipo dati interi. Aggiunge x e y, poi memorizza il risultato, cioè il valore, in z e poi emette il valore di z, che è memorizzato in una variabile intera chiamata a.

Abbiamo iniziato le funzioni in entrambi i casi nell'area **void loop().** Abbiamo fatto questo perché vogliamo che la funzione venga eseguita permanentemente, cioè in un ciclo. Se vogliamo eseguire la funzione solo una volta all'inizio del programma, l'avremmo messa nell'area di **void setup().**

Funzioni di base:

Alcune delle funzioni molto basilari e importanti, nonché già dichiarate e quindi pronte all'uso, utilizzate nella programmazione di Arduino sono:

digitalRead () per leggere l'ingresso digitale.

digitalWrite () per scrivere su un'uscita digitale.

pinMode () per assegnare un lavoro (rendere una connessione pin della scheda un pin di ingresso o di uscita).

analogRead () per leggere l'ingresso analogico.

analogWrite () per scrivere su un'uscita analogica.

Alcune funzioni avanzate

Ferma ogni tono di un cicalino con **noTone()**.

Per avviare un tono in un cicalino, usiamo **tone().**

Per leggere un impulso su un pin, usiamo **pulseIn().**

pulseInLong() è utilizzato per leggere impulsi lunghi.

Per spostare un byte di dati, usiamo **shiftIn().**

Per spostare un byte di dati, usiamo **shiftOut().**

random() per trovare un numero casuale entro i limiti.

Funzioni legate al tempo

Per far aspettare il programma per un certo tempo, usiamo **delay().** Il numero che mettiamo tra le parentesi descrive quindi il tempo di attesa in millisecondi (0,001 s). Es: delay(1000) Programma→ aspetta 1 secondo.

Per far aspettare il programma in microsecondi (= 0,000001 secondi), usiamo **delayMicroseconds()**

Per leggere il tempo trascorso dall'inizio del programma:

micros() (in microsecondi) e **millis()** (in millisecondi)

Funzioni / operazioni matematiche

Per determinare il valore assoluto di un numero, usiamo **abs().**

Per impostare i vincoli, usiamo **constrain().**

Per trovare il massimo di due numeri, usiamo **max().**

Per trovare il minimo di due numeri, usiamo **min().**

Per calcolare la potenza di un numero, usiamo **pow().**

Per trovare il quadrato di un numero, usiamo **sq().**

Per trovare la radice quadrata di un numero, usiamo **sqrt().**

Funzioni per lavorare in bit e byte

Per calcolare il valore di un bit, usiamo **bit().**

Per impostare un bit specifico a zero, usiamo **bitClear().**

Per leggere un singolo bit da un numero, usiamo **bitRead().**

Per impostare un bit su 1, usiamo **bitSet().**

Per convertire un numero in bit, usiamo **bitWrite().**

Per ottenere il byte più a sinistra di un numero, usiamo **highByte().**

Per ottenere il byte all'estrema destra di un numero, usiamo **lowByte().**

Interruzioni interne ed esterne

Per collegare una funzione di interrupt esterno **ad** un pin, usiamo **attachInterrupt().**

Per rimuovere una funzione di interrupt esterno da un pin specifico, usiamo **detachInterrupt().**

Per avviare gli interrupt interni, usiamo **interrupts().**

Per fermare gli interrupt interni, usiamo **noInterrupts().**

Funzioni utilizzate per la conversione

byte() è utilizzato per convertire un valore in un byte.

char() è utilizzato per convertire un valore in una variabile carattere.

float() è utilizzato per convertire un valore in una variabile float.

int() è utilizzato per convertire un valore in una variabile intera.

long() è utilizzato per convertire un valore in una variabile lunga.

string() è utilizzato per convertire un valore in una stringa (testo).

Di seguito impareremo come utilizzare alcune di queste funzioni con l'aiuto di progetti di esempio. Quindi non preoccuparti se non sai ancora come utilizzare le funzioni, gli operatori e le condizioni. Prima di arrivare ai progetti, diamo una rapida occhiata a come possiamo collegare la scheda al PC e caricare un codice di programma sulla scheda Arduino.

6.3 Collegarsi alla scheda Arduino e caricare il codice (Sketch)

Per collegare la scheda Arduino Uno al PC o al software Arduino IDE, dobbiamo prima collegare la scheda Arduino al PC con un cavo USB. Poi apriamo il menu "Tools" nell'IDE di Arduino nella barra dei menu e selezioniamo il tipo di scheda corretto - nel nostro caso Arduino Uno - nel sottomenu "Board:" (vedi illustrazione).

Nel passo successivo dobbiamo assicurarci che la porta USB corretta del PC sia assegnata. Possiamo anche determinarlo sotto "Tools" nel sottomenu "Port" (vedi illustrazione). Troverai questa voce di menu direttamente sotto la "Board:". Qui, deve essere selezionata la porta che ha "Arduino" o una designazione simile, per esempio anche "Genuino". Arduino è collegato al tuo PC da questa porta.

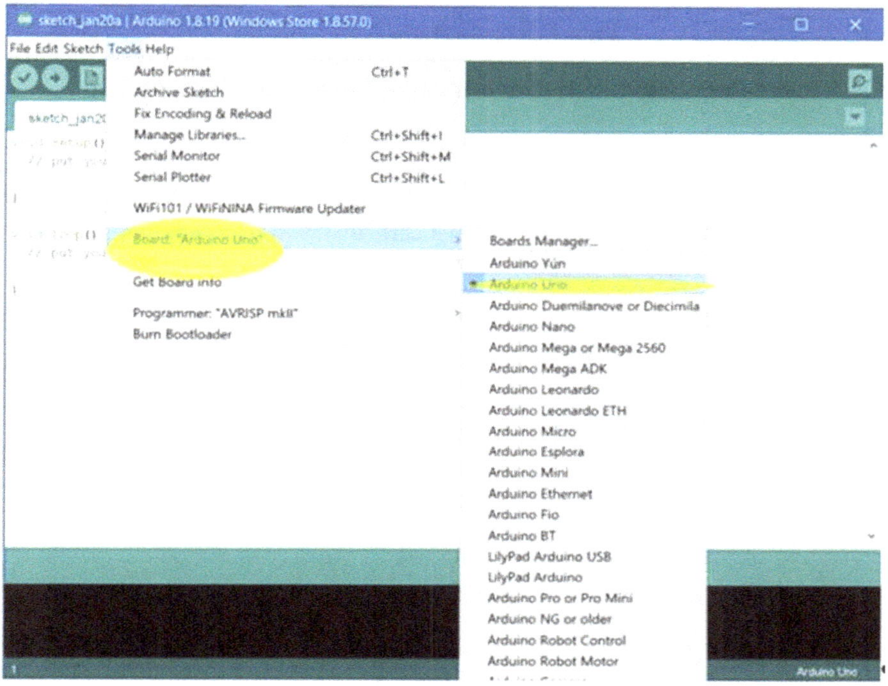

Ora la scheda Arduino è collegata correttamente al PC o al software e possiamo iniziare a scrivere il primo codice del programma, compilarlo e caricarlo sulla scheda. Lo facciamo come segue:

Per prima cosa, scriviamo il codice del programma o lo copiamo nell'editor di testo dell'IDE (se hai un codice del programma già completo di per sé, cancella semplicemente la sintassi che esiste già nell'IDE). Poi salva lo "sketch".

Poi premiamo il piccolo segno di spunta (barra dei menu in alto) per controllare e compilare il codice. Se non sono stati trovati errori, appare il messaggio che la compilazione è stata completata con successo. Questo può richiedere un po' di tempo, a seconda della lunghezza del codice.

Infine, carichiamo il codice sulla scheda Arduino premendo la freccia che punta a destra (barra dei menu in alto). Poi Arduino inizia ad eseguire il codice del programma. Prima di questo, puoi aprire il monitor seriale per monitorare la comunicazione tra la scheda e il software.

7 Progetti Arduino fai da te

7.1 Progetto 1: un LED lampeggiante e un segnale SOS

In questo progetto controlleremo lo stato di una luce LED. Per farlo, utilizziamo un Arduino Uno per accendere e spegnere il LED con un ritardo, ad esempio, di due secondi (LED acceso) o di un secondo (LED spento).

Componenti richiesti:

1 Arduino Uno

1 scheda plug-in (breadboard)

4 fili di collegamento

1 LED

1 resistenza da 200 Ohm

Schema di cablaggio:

Colleghiamo il LED ad Arduino utilizzando una resistenza, i cavi e la breadboard come mostrato nella prossima pagina.

Per fare questo, per prima cosa alimentiamo la breadboard con la corrente. Colleghiamo un cavo rosso al pin 5V della scheda Arduino e inseriamo l'altra estremità del cavo nella breadboard come mostrato nell'immagine. Colleghiamo anche un cavo nero al pin GND della scheda Arduino e inseriamo l'altra estremità del cavo nella breadboard come mostrato nell'immagine.

Poi mettiamo il LED (gamba più corta del LED alla resistenza) e la resistenza come mostrato e colleghiamo il LED con un cavo nero alla terra della scheda. Abbiamo bisogno della resistenza per limitare la corrente. Qui si applica la legge di Ohm e la formula R = U / I. R sta per la resistenza, U per la tensione e I per la corrente. Infine, abbiamo bisogno di un cavo giallo (può anche essere di un altro colore) che va dal LED al pin della scheda (2che si trova ai pin digitali sopra il logo di Arduino).

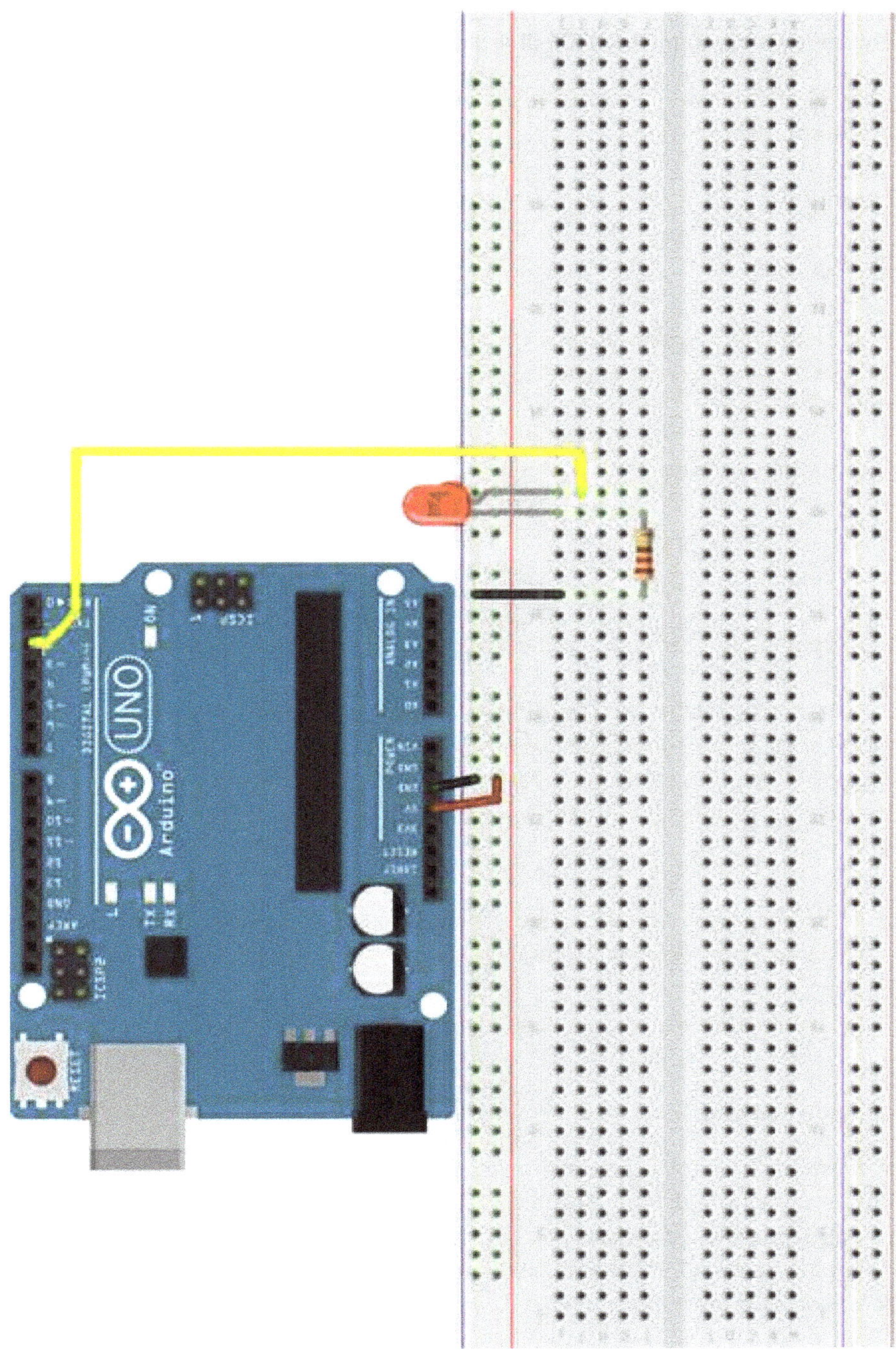
UNO
Arduino

Codice del programma per l'IDE di Arduino:

```
// Prima dichiariamo la variabile "led_pin" e la assegniamo al pin a cui abbiamo collegato il LED (pin 2).

const int led_pin=2;

void setup() {

// Qui inseriamo il codice di setup che verrà eseguito solo una volta. Vogliamo che il led_pin sia definito come un pin di uscita, cioè che riceva un segnale di uscita in modo che il LED si accenda, cioè :

pinMode(led_pin,OUTPUT);
}

void loop() {

// Qui inseriamo il codice principale da eseguire ripetutamente (in un ciclo)

digitalWrite(led_pin,HIGH); // prima fornisci il led_pin con 5V (accende il LED).
delay(2000); // poi aspetta 2000 millisecondi (= 2 secondi).
digitalWrite(led_pin,LOW); // poi fornisci il led_pin con 0V (spegne il LED).
delay(1000); // poi aspetta 1000 millisecondi (= 1 secondi).
}

// Il ciclo poi esegue il codice del programma ripetutamente, cioè il LED si spegne e si accende ripetutamente con il ritardo precedentemente definito.

// fine del codice del programma. Suggerimento: controlla il numero corretto di { e }
```

Compito dell'esercizio:

A questo punto, prova come esercizio ad accendere e spegnere il LED in modo da inviare un segnale di SOS! (Segnale SOS: tre volte corto, tre volte lungo, tre volte corto). Segnale lungo = 2 secondi. Segnale breve = 1 secondo. Intervallo tra breve e lungo = secondi0,5. Distanza di 5 secondi tra diversi segnali SOS *(troverai la soluzione nella prossima pagina).*

La soluzione:

Nel codice del programma di cui sopra, abbiamo solo bisogno di cambiare la parte che si trova in void loop(). Per il segnale SOS, questo potrebbe apparire così. Nel seguito, un segnale breve è definito con ad esempio 1 secondo, uno lungo con 2 secondi (LED acceso). Tra i segnali, ci dovrebbero essere dei secondi0,5 per la disconnessione (LED spento).

```
void loop()
{

// I tre segnali brevi seguono per primi:

digitalWrite(led_pin,HIGH); // prima fornisci il led_pin con 5V (accende il LED)
delay(1000); // aspetta 1000 millisecondi per il segnale breve (= secondi1)
digitalWrite(led_pin,LOW); // poi fornisci il led_pin con 0V (spegne il LED)
delay(500); // aspetta che si separino i millisecondi500 (= secondi0.5)

digitalWrite(led_pin,HIGH); // fornisci di nuovo 5V al led_pin (accendi il LED)
delay(1000); // aspetta 1000 millisecondi per il segnale breve (= 1 secondo)
digitalWrite(led_pin,LOW); // poi fornisci il led_pin con 0V (spegne il LED)
delay(500); // aspetta ad esempio 500 millisecondi per la separazione (= 0,5 secondi)

digitalWrite(led_pin,HIGH); // fornisci di nuovo 5V al led_pin (accendi il LED)
delay(1000); // aspetta 1000 millisecondi per il segnale breve (= 1 secondo)
digitalWrite(led_pin,LOW); // poi fornisci il led_pin con 0V (spegne il LED)
delay(500); // aspetta ad esempio 500 millisecondi per la separazione (= 0,5 secondi)

// poi seguono i tre segnali lunghi:

digitalWrite(led_pin,HIGH); // prima fornisci il led_pin con 5V (accende il LED)
delay(2000); // aspetta 2000 millisecondi per il segnale lungo (= 2 secondi)
digitalWrite(led_pin,LOW); // poi fornisci il led_pin con 0V (spegne il LED)
delay(500); // aspetta ad esempio 500 millisecondi per la separazione (= 0,5 secondi)

digitalWrite(led_pin,HIGH); // prima fornisci il led_pin con 5V (accende il LED)
delay(2000); // aspetta 2000 millisecondi per il segnale lungo (= 2 secondi)
digitalWrite(led_pin,LOW); // poi fornisci il led_pin con 0V (spegne il LED)
delay(500); // aspetta ad esempio 500 millisecondi per la separazione (= 0,5 secondi)

digitalWrite(led_pin,HIGH); // prima fornisci il led_pin con 5V (accende il LED)
```

```
delay(2000); // aspetta 2000 millisecondi per il segnale lungo (= 2 secondi)
digitalWrite(led_pin,LOW); // poi fornisci il led_pin con 0V (spegne il LED)
delay(500); // aspetta ad esempio 500 millisecondi per la separazione (= 0,5 secondi)

// Infine, seguono ancora tre segnali brevi:

digitalWrite(led_pin,HIGH); // prima fornisci il led_pin con 5V (accende il LED)
delay(1000); // aspetta 1000 millisecondi per il segnale breve (= 1 secondo)
digitalWrite(led_pin,LOW); // poi fornisci il led_pin con 0V (spegne il LED)
delay(500); // aspetta ad esempio 500 millisecondi per la separazione (= 0,5 secondi)

digitalWrite(led_pin,HIGH); // fornisci di nuovo 5V al led_pin (accendi il LED)
delay(1000); // aspetta 1000 millisecondi per il segnale breve (= 1 secondo)
digitalWrite(led_pin,LOW); // poi fornisci il led_pin con 0V (spegne il LED)
delay(500); // aspetta ad esempio 500 millisecondi per la separazione (= 0,5 secondi)

digitalWrite(led_pin,HIGH); // fornisci di nuovo 5V al led_pin (accendi il LED)
delay(1000); // aspetta 1000 millisecondi per il segnale breve (= 1 secondo)
digitalWrite(led_pin,LOW); // poi fornisci il led_pin con 0V (spegne il LED)

delay(5000); // per separare diversi segnali SOS, ad esempio aspetta 5000 millisecondi (= 5 secondi)

// la funzione loop esegue poi il segnale SOS ripetutamente e permanentemente

}
// fine del codice del programma
```

Attenzione: quando provi il codice, non dimenticare il resto della struttura del codice come nel primo progetto (identico). (Suggerimento: basta sostituire la parte dentro "void loop ( )" del primo progetto con il codice qui).

Molto bene! Abbiamo completato con successo il primo progetto! Continuiamo con il secondo progetto. Questo sarà un po' più difficile.

7.2 Progetto 2: luce LED basata sulla temperatura

In questo progetto controlleremo lo stato di un LED RGB in base al valore di temperatura rilevato da un sensore di temperatura. Quando la temperatura è alta, la luce dovrebbe diventare rossa. Quando la temperatura è bassa, invece, il LED dovrebbe essere di colore viola/blu scuro. Quando la temperatura è ottimale, la luce dovrebbe essere verde. Nelle aree intermedie, il colore del LED dovrebbe cambiare gradualmente. In una simulazione (ad esempio in Tinkercad) puoi regolare la temperatura cliccando sul sensore e spostando il cursore.

Componenti richiesti:

1 Arduino Uno

1 scheda plug-in

8 fili di collegamento

1 LED RGB

1 resistenza da 200 Ohm

1 sensore di temperatura TMP36

Informazioni sul sensore di temperatura TMP36:

Il TMP36 fornisce una tensione di uscita analogica linearmente proporzionale alla temperatura in gradi Celsius. Il campo di misurazione va da -40 °C a +125 °C. Per convertire la tensione analogica in una temperatura, è necessario un fattore di scala di 10 mV/°C. L'assegnazione della tensione di uscita e della temperatura in gradi Celsius può essere letta dalla seguente funzione lineare, ad esempio 1V (segnale del sensore) = 50 gradi Celsius di temperatura (vedi figura).

Affinché il sensore funzioni, il pin sinistro deve essere collegato al polo positivo e quello destro al polo negativo di una fonte di alimentazione (2,7V - 5,5V). In questo caso, il lato piatto della testa del sensore è rivolto verso la parte anteriore e il lato curvo verso la parte posteriore. Il pin centrale fornisce quindi la tensione di uscita analogica (è quindi collegato a un pin di ingresso di Arduino).

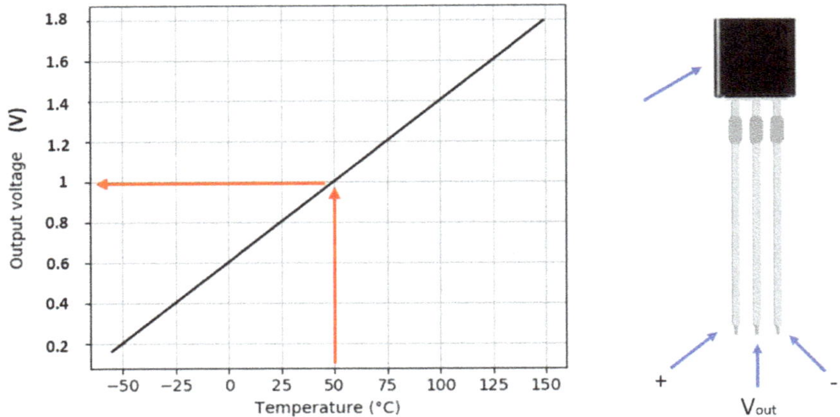

Informazioni sul LED RGB:

Un LED RGB può illuminarsi in tre colori, ovvero rosso (r), verde (g) e blu (b). Il LED ha due connessioni in più rispetto ad un normale LED e il colore della luce dipende da quale connessione viene fornita la corrente. Per controllare il LED, hai bisogno dei PIN 3, 6,5, che sono in realtà dei PIN digitali che permettono anche la modulazione di larghezza d'impulso (PWM: tensione pulsante tra 0V e 5V). Puoi riconoscerlo dalla piccola onda stampata su di esso (anche sui PIN 9, 1110,).

Schema di cablaggio:

Per prima cosa alimentiamo di nuovo la breadboard (vedi illustrazione nella prossima pagina). Per farlo, colleghiamo un cavo rosso al pin 5V della scheda Arduino e inseriamo l'altra estremità del cavo nella breadboard come mostrato nell'illustrazione della pagina successiva. Colleghiamo anche un cavo nero al pin GND della scheda Arduino e inseriamo l'altra estremità del cavo nella breadboard come mostrato nell'immagine. Poi aggiungiamo il LED RGB e il sensore di temperatura (TMP). Assicurati che ogni gamba sia posizionata correttamente nei connettori. Devi fare attenzione a non rompere nessuna delle gambe quando le pieghi. Alimentiamo poi le due gambe esterne del sensore di temperatura (TMP) collegando un cavo nero e uno rosso al polo + e - della breadboard. Colleghiamo la gamba centrale del sensore di temperatura con un cavo colorato al connettore A0 di Arduino. Colleghiamo le gambe del LED RGB con cavi colorati ai pin digitali 3, 5 e 6 della scheda Arduino. Abbiamo anche bisogno di una resistenza per collegare una gamba del LED RGB al polo negativo della breadboard e quindi anche al polo GND di Arduino.

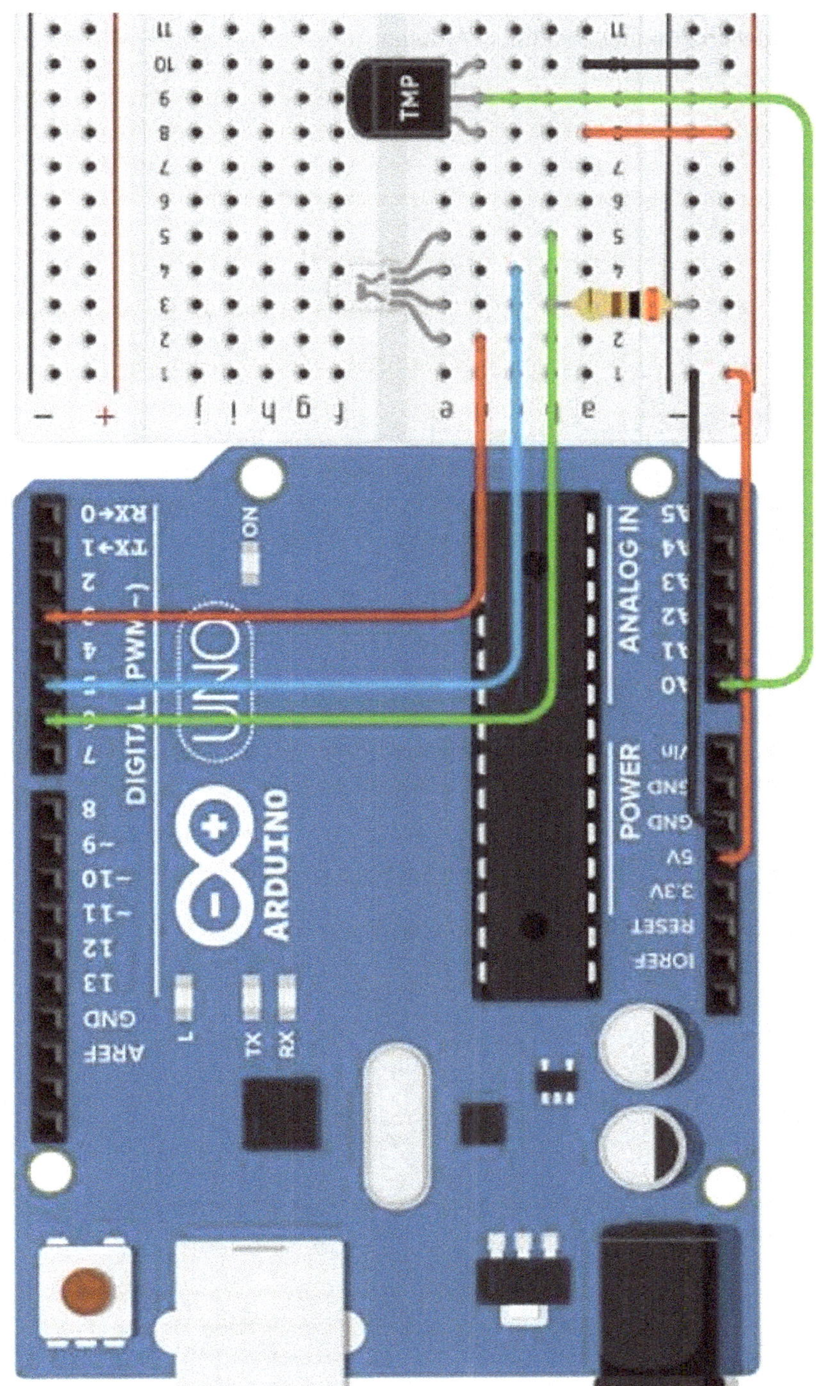
TMP
ANALOG IN
POWER
UNO
ARDUINO
ON

Codice del programma per l'IDE di Arduino:

// Prima dichiariamo le nostre variabili assegnandole al rispettivo pin di connessione. Le abbreviazioni r, b, g, t stanno rispettivamente per rosso, blu, verde e temperatura.

const int r = 3; // Collegamento per l'illuminazione rossa del LED al pin 3

const int b = 5; // Collegamento per il bagliore blu del LED al pin 5

const int g = 6; // Collegamento per l'illuminazione verde del LED sul pin 6

const int t = A0; // Il sensore di temperatura è collegato al pin A0

void setup()

// Qui inseriamo il codice di setup che verrà eseguito solo una volta. Vogliamo che tutti i pin collegati al LED siano definiti come pin di uscita e che il pin collegato al sensore di temperatura sia definito come pin di ingresso.

{

Serial.begin(9600);

// Per prima cosa abbiamo bisogno del comando di cui sopra per l'interfaccia seriale (data rate 9600 bit/s). Questo avvia la comunicazione tra il PC e la scheda Arduino e la temperatura viene trasmessa al "monitor seriale" nell'IDE. Baud rate 9600. (Aprire il monitor seriale nell'IDE di Arduino per visualizzare i valori misurati)

pinMode(r, OUTPUT); // Definizione del PIN r, cioè il pin 3 come pin di uscita

pinMode(b, OUTPUT); // Definizione del PIN b, cioè il pin come 5uscita Pin

pinMode(g, OUTPUT); // Definizione del PIN g, cioè il pin come 6uscita Pin

pinMode(t, INPUT); // Definizione del PIN t, cioè il pin A0 come ingresso Pin

}

void loop()

// Qui inseriamo il codice principale da eseguire ripetutamente (in un ciclo).

{

// Prima definiamo la funzione temp, che ci servirà tra un momento, con il seguente codice. Per questo, il microcontrollore dovrebbe leggere il valore nel PIN A0.

```
int sensorInput = analogRead(t);  // Il TMP36 è un sensore analogico di temperatura

  double temp = (double)sensorInput / 1024; // Determina la percentuale del valore inserito

  temp = temp * 5; // moltiplica per 5 V per ottenere la tensione

  temp = temp - 0.5; // Sottrai l'offset (il sensore ha un offset di 500 mV)

  temp = temp * 100; // Convertire in gradi Celsius

  Serial.println(temp); // ci mostra la temperatura nel monitor seriale (mV !)
```

// Di seguito, creiamo "If" e diverse condizioni "Else if" che controllano il LED in diverse fasi a seconda della temperatura del sensore. Usiamo quindi "analogWrite" invece di "digitalwrite" (solo 0V o 5V sarebbero possibili qui; vedi primo progetto). Con il comando "map" definiamo l'intervallo di temperatura o di colore.

```
int red_value   =  map(temp, 20 , 125, 130, 255);

if(red_value<0){ red_value = 0;}

if(red_value>255){ red_value = 255;}

int green_value =  map(temp, 20, 30, 255, 100);


  if(temp > 20){

    green_value =  map(temp, 20, 40, 255, 100);}

  else{

    green_value =  map(temp, 10, 20, 80, 255);}


    if(green_value<0){ green_value = 0;}

if(green_value>255){ green_value = 255;}
```

```
int blue_value  =  map(temp, -40, 15, 255, 100);


if(blue_value<0){ blue_value = 0;}

if(blue_value>255){ blue_value = 255;}


  analogWrite(r, red_value);

  analogWrite(b, blue_value);

  analogWrite(g, green_value);

  Serial.println(red_value);

}

// Il ciclo poi esegue il codice del programma ripetutamente, cioè la temperatura viene continuamente misurata e interpretata e il segnale viene passato al LED.

// fine del codice del programma. Suggerimento: controlla il numero corretto di { e }
```

7.3 Progetto 3: controllo dipendente dalla luce di un motore (motore cieco)

In questo progetto vogliamo controllare le tende di una finestra con l'aiuto di un servomotore e un sensore LDR. Questo dovrebbe avvenire a seconda della quantità di luce che entra dall'esterno. Se facciamo clic sul sensore fotografico (LDR) in una simulazione (ad esempio in Tinkercad) e spostiamo il cursore, il servomotore dovrebbe muoversi. In realtà, questo movimento dovrebbe funzionare in base alla luce incidente (ad esempio il sole).

Componenti richiesti:

1 Arduino Uno

1 scheda plug-in

1 fotoresistore (sensore LDR)

1 servo motore

9 fili di collegamento

1 Resistenza (4.7 kOhm)

Cose da sapere sulla fotoresistenza:

Come suggerisce il nome, un fotoresistore può essere pensato come un semplice resistore che ha la caratteristica speciale di cambiare il valore della resistenza a seconda della quantità di luce incidente. Meno luce cade sul sensore, più alta è la resistenza. Più luce cade sul sensore, più bassa diventa la resistenza (la corrente può scorrere). Il sensore si basa sull'effetto fotoelettrico.

Schema di cablaggio:

Come al solito, per prima cosa alimentiamo la breadboard. Per farlo, collega un cavo nero e uno rosso dal pin GND e dal pin 5V della scheda Arduino al polo positivo e negativo della breadboard. A proposito, non importa quale pin GND della scheda viene utilizzato. Poi inseriamo il fotoresistore e il servomotore come mostrato nell'immagine. Manca ancora una resistenza e il resto del cablaggio, che puoi fare come mostrato nella foto.

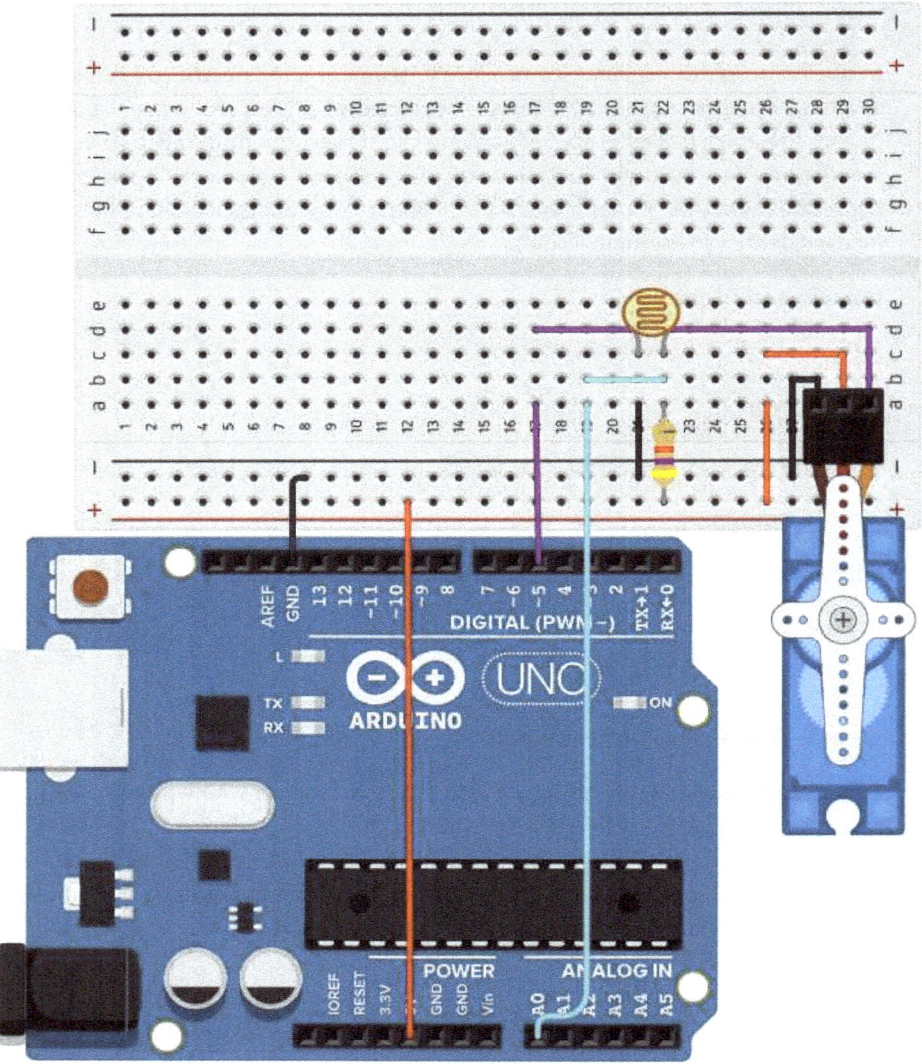

Codice del programma per l'IDE di Arduino:

```
// Per prima cosa includiamo la libreria necessaria per il servomotore nel nostro codice del programma. Se l'IDE dà un messaggio di errore durante la compilazione, devi prima installare questa libreria tramite il gestore delle librerie.

#include <Servo.h>


// Poi creiamo un "Oggetto Servo" in modo da poter controllare il servomotore.

Servo myservo;

// Poi dichiariamo i pin di connessione per il servomotore e il sensore (fotoresistore).

const int servo_pin=5;

const int sensor=A0;


// Poi dobbiamo dichiarare le variabili per la posizione del servo e per le proprietà del fotoresistore

int pos = 0; // Variabile pos per salvare la posizione del servo

int light_pos =0; // Variabile per il salvataggio della posizione del servo con luce definita

int max_light = 997; // Questo è il valore che definiamo come la massima incidenza della luce

int intensity=0; // Intensità della luce in qualsiasi posizione


void setup()

// Qui inseriamo il codice di setup che deve essere eseguito solo una volta. Vogliamo collegare il servo al "servo oggetto" e avviare la comunicazione seriale.

{
```

```
 myservo.attach(servo_pin); // Collega il servo al pin con5 l'oggetto servo


// Inizia la comunicazione seriale. Imposta il baud rate del monitor seriale:

 Serial.begin(9600);

 pinMode(sensor,INPUT);          // A0 è definito come pin di ingresso

}


void loop()

// Qui inseriamo il codice principale da eseguire ripetutamente (in un ciclo).

{

 intensity = analogRead(sensor);  // legge il valore del sensore LDR (valore
compreso tra 0 e 1023)

 intensity = map(intensity, 0, 1023, 0, 180);   // Valore di scala da utilizzare con il
servo (valore compreso tra 0 e 180)

 myservo.write(intensity);   // imposta la posizione del servo in base al valore
scalare

 delay(100);

}

// Fine del codice del programma. Suggerimento: fai sempre attenzione al ; alla
fine del codice
```

7.4 Progetto 4 : Allarme rilevamento gas

Di seguito costruiremo un rilevatore di gas che suona un allarme se rileva una perdita di gas. L'allarme suona finché la perdita di gas non viene fermata. Inoltre, i LED si attivano a seconda della quantità di gas che il sensore registra. Se c'è molta perdita di gas, tutti e quattro i LED dovrebbero accendersi; se c'è poco gas, solo uno dei quattro LED dovrebbe accendersi. Questo può essere verificato anche con una simulazione in Tinkercad.

Componenti richiesti:

1 Arduino Uno

1 scheda plug-in

1 sensore di gas

1 cicalino

14 Fili di collegamento

5 Resistenza (1 kOhm) per LED e sensore di gas

1 resistenza (100 Ohm) per il cicalino

4 LED

Schema di cablaggio:

Colleghiamo tutti i componenti e Arduino insieme su una breadboard come mostrato nell'immagine della pagina successiva. Assicurati di utilizzare i perni corretti. Puoi anche disporre i componenti in modo diverso se vuoi. Tuttavia, il circuito dovrebbe rimanere comparabile. In questo caso, tuttavia, potresti dover cambiare le variabili o le designazioni nel seguente codice.

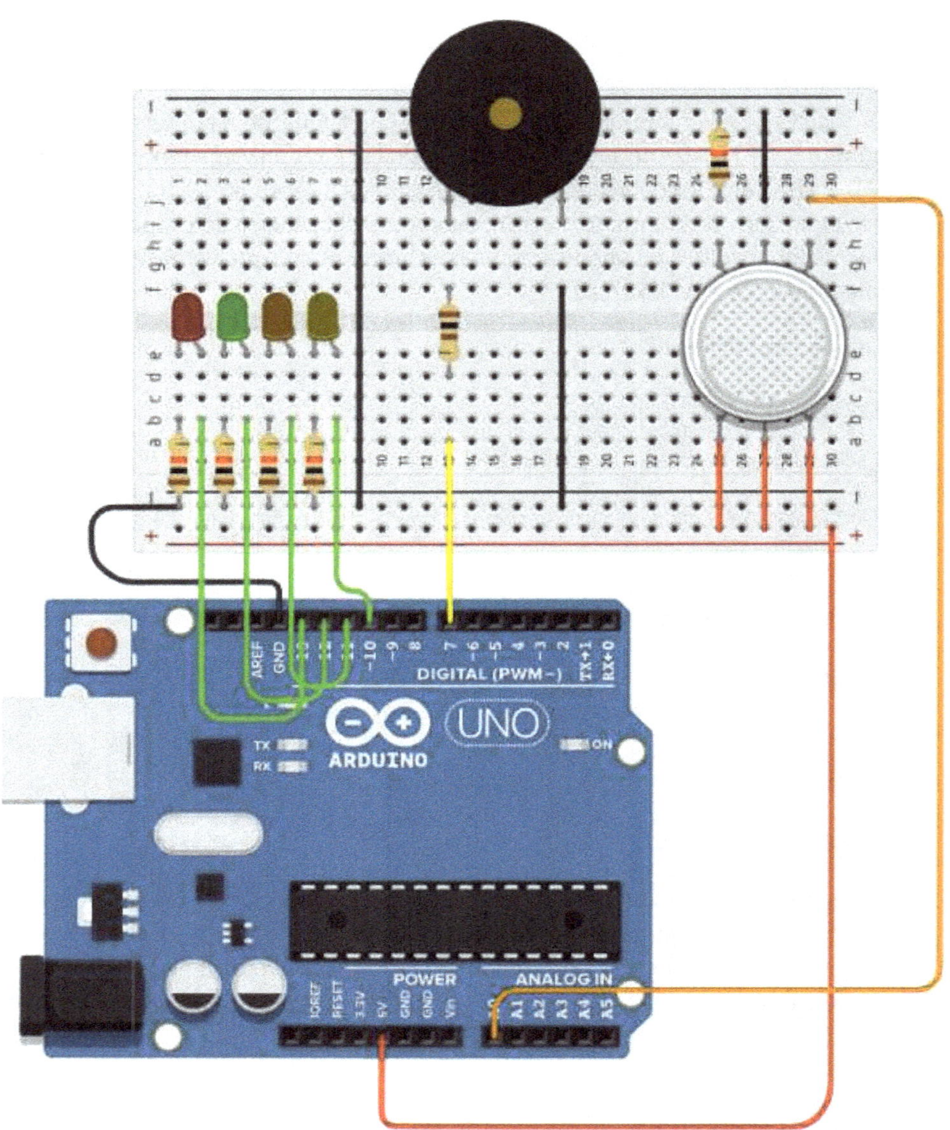
AREF
GND
DIGITAL (PWM ~)
TX+1
RX+0
UNO
ARDUINO
TX
RX
ON
POWER
ANALOG IN
IOREF
RESET
3.3V
5V
GND
GND
Vin
A1
A2
A3
A4
A5

Codice del programma per l'IDE di Arduino:

```
// Prima dichiariamo la nostra variabile per il sensore di gas assegnando la connessione al pin A0.
const int gas_s=A0;

void setup()

{

// Qui inseriamo il codice di setup che verrà eseguito solo una volta. Vogliamo che il PIN A0, che è collegato al sensore di gas, sia definito come un pin di ingresso. Vogliamo anche che tutti i pin collegati al cicalino o ai LED siano definiti come pin di uscita.


 pinMode(gas_s, INPUT); // definisci il pin del sensore di gas come ingresso


 pinMode(7, OUTPUT); // definisci il pin del cicalino come uscita

 pinMode(13, OUTPUT); // Definisci il pin del LED come uscita

 pinMode(12, OUTPUT); // Definisci il pin del LED come uscita

 pinMode(11, OUTPUT); // Definisci il pin del LED come uscita

 pinMode(10, OUTPUT); // Definisci il pin del LED come uscita

// Poi iniziamo la comunicazione con l'interfaccia seriale (data rate 9600 bit/s) con il seguente codice. Questo avvia la comunicazione tra la scheda Arduino e il PC e i dati vengono trasferiti al "monitor seriale" nell'IDE.

 Serial.begin(9600);

}

void loop()

{

// Qui inseriamo il codice principale da eseguire ripetutamente (in un ciclo).

// Prima dichiariamo una variabile per leggere il sensore
        float gas_v=analogRead(gas_s); // float = numeri in virgola mobile
```

```
gas_v=(gas_v/373)*100; // Scalare il valore del gas
Serial.println(gas_v);
```

// Di seguito, creiamo una condizione "If" e diverse condizioni "Else if", che controllano il cicalino e i LED in modo diverso a seconda del valore del gas misurato dal sensore. Qui utilizziamo "digitalWrite".

```
if(gas_v>75) // Se il valore è maggiore di 75, allora...
{
// Accendi il cicalino
  digitalWrite(7,HIGH);
// Accendi tutti i LED
  digitalWrite(13,HIGH);
  digitalWrite(12,HIGH);
  digitalWrite(11,HIGH);
  digitalWrite(10,HIGH);
}
else if((gas_v>50) && (gas_v<=75)) // altrimenti, se tra 50 e 75, allora...
{
// Accendi il cicalino
  digitalWrite(7,HIGH);
// accendi solo 3 LED
  digitalWrite(13,LOW);
  digitalWrite(12,HIGH);
  digitalWrite(11,HIGH);
  digitalWrite(10,HIGH);
}
else if((gas_v>25) && (gas_v<=50)) // altrimenti, se tra 25 e 50, allora...
```

```
 {
// Accendi il cicalino
  digitalWrite(7,HIGH);
// Accendi solo 2 LED
  digitalWrite(13,LOW);
  digitalWrite(12,LOW);
  digitalWrite(11,HIGH);
  digitalWrite(10,HIGH);
 }
 else if((gas_v>0) && (gas_v<=25)) // altrimenti, se tra 0 e 25, allora...
 {
// Accendi il cicalino
  digitalWrite(7,LOW);
// Accendi solo 1 LED
  digitalWrite(13,LOW);
  digitalWrite(12,LOW);
  digitalWrite(11,LOW);
  digitalWrite(10,HIGH);
 }
}
// Fine del codice del programma
```

7.5 Progetto 5 : Sistema meccanico protetto da password

In questo progetto creeremo un sistema che è protetto da una password. Rimarrà bloccato finché l'utente non inserirà la password corretta. Quando viene inserita la password corretta, il servomotore si muove e apre il sistema. Assegneremo password diverse ai diversi utenti. Ogni utente ha il proprio ID utente e la propria password. Il sistema sarà sbloccato solo se queste due caratteristiche di sicurezza corrispondono e sono corrette. Inoltre, dopo diversi inserimenti errati, il LED rosso e il cicalino dovrebbero attivarsi e l'inserimento dovrebbe essere bloccato per 30 secondi. Se l'inserimento è corretto, invece, il LED verde dovrebbe essere attivato. Possiamo anche ricreare questo progetto in Tinkercad (o anche nella realtà). Per sbloccare il sistema, dobbiamo prima inserire l'ID utente (ad esempio #001, #002 o #003) e poi confermare con il tasto *. È meglio aprire anche il monitor seriale per vedere se abbiamo premuto correttamente i tasti. Poi possiamo inserire le rispettive password (utente 1: 145278, utente 2: 354691, utente 3: 789541) e confermare con il tasto *. Poi il sistema dovrebbe sbloccarsi dopo un breve tempo di attesa. Inserisci ad esempio: #001*, attendi un po' di tempo, inserisci 145278*, il sistema si sblocca.

Componenti richiesti:

1 Arduino Uno

1 scheda plug-in

1 tastiera

1 display LCD

Vari fili di collegamento

3 resistenza (220 ohm ciascuno per i LED e 250 ohm per il display)

2 LED (verde e rosso)

1 cicalino

1 servo motore

Schema di cablaggio:

Colleghiamo tutti i componenti e Arduino insieme come mostrato nell'illustrazione della prossima pagina. Non usiamo una breadboard questa volta perché quasi tutte le connessioni sono comunque solo tra Arduino e i singoli componenti. Tuttavia, puoi anche utilizzare una breadboard per questo, se lo desideri.

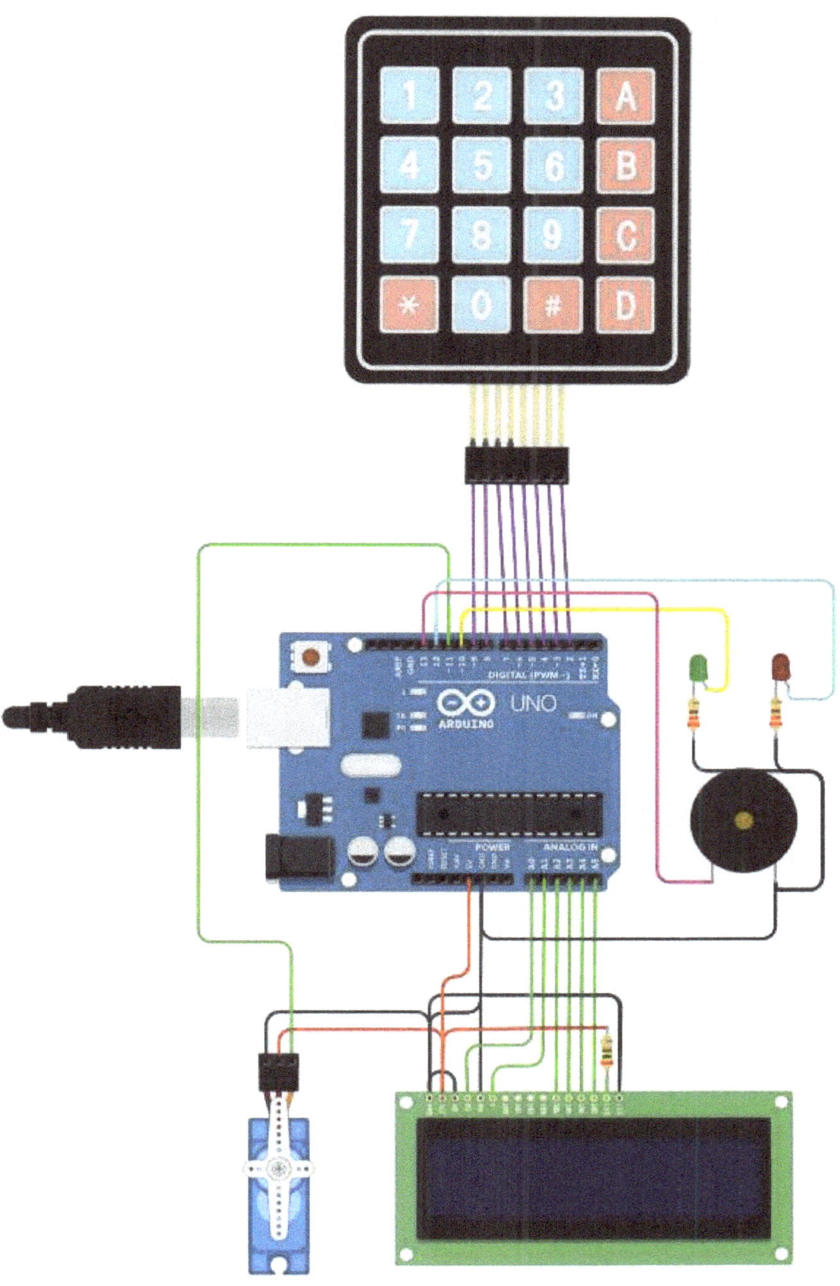
1
2
3
A
4
5
6
B
7
8
9
C
*
0
#
D
DIGITAL (PWM ~)
UNO
ARDUINO
POWER
ANALOG IN

Prima di iniziare con il codice del programma, dobbiamo installare la libreria necessaria per la tastiera ("Keypad.h" di Mark Stanley e Alexander Brevig). Lo facciamo o tramite il gestore delle librerie o cerchiamo il file zip corrispondente online con l'aiuto di Google e lo troviamo, per esempio qui: https://playground.arduino.cc/Code/Keypad e lo carichiamo nell'IDE di Arduino (vedi capitoli precedenti). Potresti aver bisogno di farlo anche per il display.

Codice del programma per l'IDE di Arduino:

```
// Per prima cosa includiamo le librerie necessarie per il servomotore, la tastiera e il display LCD nel nostro codice programma.

#include <LiquidCrystal.h>

#include <Keypad.h>

#include <Servo.h>

// Poi creiamo un "Oggetto Servo" in modo da poter controllare il servomotore.

Servo myservo;

// Dichiariamo le nostre variabili per il LED verde e rosso, così come per il cicalino, assegnando i pin di connessione 10, 12, 13.

const int gled=10;

const int rled=12;

const int buzzer=13;

// Poi dichiariamo il numero di righe e colonne del nostro campo tastiera (4 ciascuno)

const byte numRows = 4;

const byte numCols = 4;
```

```
// con "keymap" definiamo i tasti della tastiera che possono essere premuti, corrispondenti alla riga e alle colonne come appaiono sulla tastiera

char keymap[numRows][numCols] =

{

 {'1', '2', '3', 'A'},

 {'4', '5', '6', 'B'},

 {'7', '8', '9', 'C'},

 {'*', '0', '#', 'D'}

};


// Poi abbiamo bisogno di codice che mappa i connettori della tastiera con i connettori su Arduino

byte rowPins[numRows] = {9, 8, 7, 6}; // righe da 0 a 3

byte colPins[numCols] = {5, 4, 3, 2}; // Colonne da 0 a 3


// Il seguente codice inizializza un'istanza della classe "Keypad

Keypad myKeypad = Keypad(makeKeymap(keymap), rowPins, colPins, numRows, numCols);


// Il seguente codice crea una variabile per il display LCD con i numeri delle interfacce pin assegnate al display LCD.

LiquidCrystal lcd(A0, A1, A2, A3, A4, A5);

// Di seguito assegniamo gli ID utente e le password a

String id1 = "#001";

String password1 = "145278";

String id2 = "#002";

String password2 = "354691";
```

```
String id3 = "#003";

String password3 = "789541";

// Inoltre, dichiariamo le seguenti variabili:

int idcheck = 0;

int passcheck = 0;

int error = 0;

int pas = 0;

int ids = 0;

long prev = 0;

int idno = 0;

String input = "";

bool enter = false;


void setup()

// Qui inseriamo il codice di setup che verrà eseguito solo una volta.
{

  Serial.begin(9600); // inizia la comunicazione seriale

  lcd.begin(16, 2); // Inizializza il display LCD: lcd.begin(colonne, righe del display)

  delay(500); // aspetta 500 ms

  pinMode(gled,OUTPUT); // definisci la variabile LED verde come uscita

  pinMode(rled,OUTPUT); // definisci la variabile LED rosso come uscita

  pinMode(buzzer,OUTPUT); // definisci il buzzer come uscita

  lcd.setCursor(0, 0); // Determina la posizione del testo sul display (colonna, linea)

  lcd.println("ENTER THE ID"); // Visualizza il testo: "ENTER THE ID" (Display)
```

```
 lcd.setCursor(1 , 1); // Determina la posizione del testo sul display (colonna, linea)

 lcd.println("TO LOGIN"); // Visualizza il testo: "TO LOGIN" (Display)


// Ora abbiamo bisogno di codice per il servomotore

myservo.attach(11); // Il servo motore è collegato al pin 11

 myservo.write(5); // Il servomotore dovrebbe muoversi in posizione (5°)

 delay(1500); // aspetta 1500 ms

}

// Fine del codice per "void setup ()".

void loop()

// Qui inseriamo il codice principale da eseguire ripetutamente (in un ciclo)
{

// Di seguito è riportato il codice che verifica l'ID utente inserito:

 get_char();

 if ( (idcheck == 0)&&( enter == true ))

 {

  enter = false;

   if ((input == id1) || (input == id2) || (input == id3))

   {

    if (input == id1)

    {

     idno = 1;

     Serial.print("Id no is ");

     Serial.println(idno);

    }
```

```
      else if (input == id2)
      {
       idno = 2;
       Serial.print("Id no is ");
       Serial.println(idno);
      }
      else if (input == id3)
      {
       idno = 3;
       Serial.print("Id no is ");
       Serial.println(idno);
      }
      idcheck = 1;
      error = 0;
      writingPassword();
      delay(2000);
     }
     else
     {
      wrongUser();
     }
     input = "";
  }
// Di seguito è riportato il codice che verifica la password dell'ID utente inserito:
```

```
 if ( (idcheck == 1) && ( enter == true ))
 {
  enter = false;
   if ((input == password1 && idno == 1) || (input == password2 && idno == 2)
|| (input == password3 && idno == 3))
    {
     Serial.println("succesfully login");
     passcheck = 1;
     error = 0;
     }
     else{
       wrongPassword();
      }
   input = "";
 }
```

// Se la verifica dell'ID è stata corretta e anche la verifica della password è stata corretta, si verificherà quanto segue:

```
 else if ( (idcheck == 1) && ( passcheck == 1 ))
 {
  successfulyLogin();
 }
```

// Se un'immissione errata viene effettuata più volte, l'immissione viene bloccata per 30 secondi e si attivano il LED rosso e il cicalino. Il codice che segue è il seguente:

```
 if (error == 3)
 {
```

```
  wrong3times();
 }
}

void get_char(){
  char keypressed = myKeypad.getKey();
  if ( keypressed == '*' )
  { enter = true; Serial.println("enter"); return; }

 if (keypressed != NO_KEY)
 {
  input += char (keypressed);
  Serial.println(input);
 }
}
void wrongUser(){
 Serial.println("wrong user");
     idcheck = 0;
     error++;   // Aumenta il valore della variabile "error" di 1
// Se l'ID utente è stato inserito in modo errato, sul display viene visualizzato il seguente messaggio:
     lcd.setCursor(0, 0); // Imposta la posizione del seguente testo
     lcd.println("Wrong user"); // Mostra il testo
     lcd.setCursor(1 , 1); // Imposta la posizione del seguente testo
```

```
    lcd.println("Try again"); // Mostra il testo

    delay(3000); // Aspetta 3s

// Consenti nuovamente l'immissione di dati:

    lcd.setCursor(0, 0); // Imposta la posizione del seguente testo

    lcd.println("ENTER THE USER ID"); // Mostra il testo

    lcd.setCursor(1 , 1); // Imposta la posizione del seguente testo

    lcd.println("TO OPEN LOCK"); // Mostra il testo

    }

void wrongPassword(){


  Serial.println("wrong password");

    idcheck = 0;

    error++; // Aumenta il valore della variabile "error" di 1

// Se la password è stata inserita in modo errato, sul display viene visualizzato il
seguente messaggio:

    lcd.setCursor(0, 0); // Imposta la posizione del seguente testo

    lcd.println("Wrong Password"); // Mostra il testo

    lcd.setCursor(1 , 1); // Imposta la posizione del seguente testo

    lcd.println("Try again"); // Mostra il testo

    delay(3000); // Aspetta 3s

// Consenti nuovamente l'immissione di dati:

    lcd.setCursor(0, 0); // Imposta la posizione del seguente testo

    lcd.println("ENTER USER ID"); // Mostra il testo

    lcd.setCursor(1 , 1); // Imposta la posizione del seguente testo

    lcd.println("TO OPEN LOCK"); // Mostra il testo
```

```
    }
void writingPassword(){
  lcd.setCursor(0, 0); // Imposta la posizione del seguente testo
  lcd.println("Correct Id"); // Mostra il testo
  lcd.setCursor(1 , 1); // Imposta la posizione del seguente testo
  lcd.println("enter password"); // Mostra il testo
  }
void successfulyLogin(){
// Se l'ID e la password sono stati inseriti correttamente, viene eseguito il seguente codice:
  digitalWrite(gled,HIGH); // Il LED verde dovrebbe accendersi
  lcd.setCursor(0, 0); // Imposta la posizione del seguente testo
  lcd.println("Correct Id and "); // Mostra il testo
  lcd.setCursor(1 , 1); // Imposta la posizione del seguente testo
  lcd.println("password"); // Mostra il testo
  delay(3000); // Aspetta 3s
  lcd.setCursor(0, 0); // Imposta la posizione del seguente testo
  lcd.println("Door Unlocked"); // Mostra il testo
  lcd.setCursor(1 , 1); // Imposta la posizione del seguente testo
  lcd.println("");
  myservo.write(180); // Il servomotore si apre (movimento di 180°)
 delay(1500); // Aspetta 1,5s
 }
// Di seguito, abbiamo ancora bisogno del codice per il caso in cui un inserimento errato sia stato fatto più volte. In questo caso, secondo la descrizione del progetto,
```

l'ingresso dovrebbe essere bloccato per 30 secondi, il LED rosso dovrebbe accendersi e dovrebbe essere generato un suono.

```
void wrong3times(){


 lcd.setCursor(0, 0); // Imposta la posizione del seguente testo

  lcd.println("Wrong Password"); // Mostra il testo

  lcd.setCursor(1 , 1); // Imposta la posizione del seguente testo

  lcd.println("wait 30 Seconds"); // Mostra il testo

  error = 0;

  idcheck = 0;

  passcheck = 0;

  digitalWrite(rled,HIGH); // Il LED rosso dovrebbe accendersi

  digitalWrite(buzzer,HIGH); // Produrre il suono


// Poi aspetta 30 secondi e visualizza il testo

  prev=millis();

  while ((millis()-prev)<30000)

  {

  lcd.setCursor(1 , 1); // Imposta la posizione del seguente testo

  lcd.println("wait"); // Mostra il testo

  lcd.println((millis()-prev)/1000); // Mostra i secondi rimanenti

  lcd.println(" Sec"); // Mostra il testo

  }

  digitalWrite(rled,LOW); // Spegni il LED rosso

  digitalWrite(buzzer,LOW); // Disattivare il suono
```

```
  lcd.setCursor(0, 0); // Imposta la posizione del seguente testo
  lcd.println("ENTER THE CODE"); // Mostra il testo
  lcd.setCursor(1 , 1); // Imposta la posizione del seguente testo
  lcd.println("TO OPEN"); // Mostra il testo
  }
// Fine del codice
```

7.6 Progetto 6 : Meccanismo di sblocco telecomandato

In questo progetto controlleremo un meccanismo per aprire e chiudere un cancello con un telecomando IR. Per aprire il cancello, è necessario inserire il codice **16580863** sul telecomando. Inoltre, due LED RGB e un cicalino dovrebbero accompagnare il processo. Inoltre, un sensore di temperatura dovrebbe monitorare la temperatura ambiente ed emettere un messaggio d' errore se la temperatura è troppo alta. Inoltre, un LED deve essere attivato se il sensore fotografico misura solo poca luce ambientale. Installeremo anche un pulsante/interruttore per il funzionamento manuale.

Componenti richiesti:

1 Arduino Uno

2 scheda di connessione

1 telecomando IR

1 ricevitore IR (sensore)

1 display LCD

Vari fili di collegamento

6 Resistenza

1 Potenziometro

1 cicalino

1 servo motore

2 LED RGB

1 motore DC

1 L293d driver del motore

1 sensore LDR (fotoresistore)

1 sensore di temperatura

1 pulsante / interruttore

Schema di cablaggio:

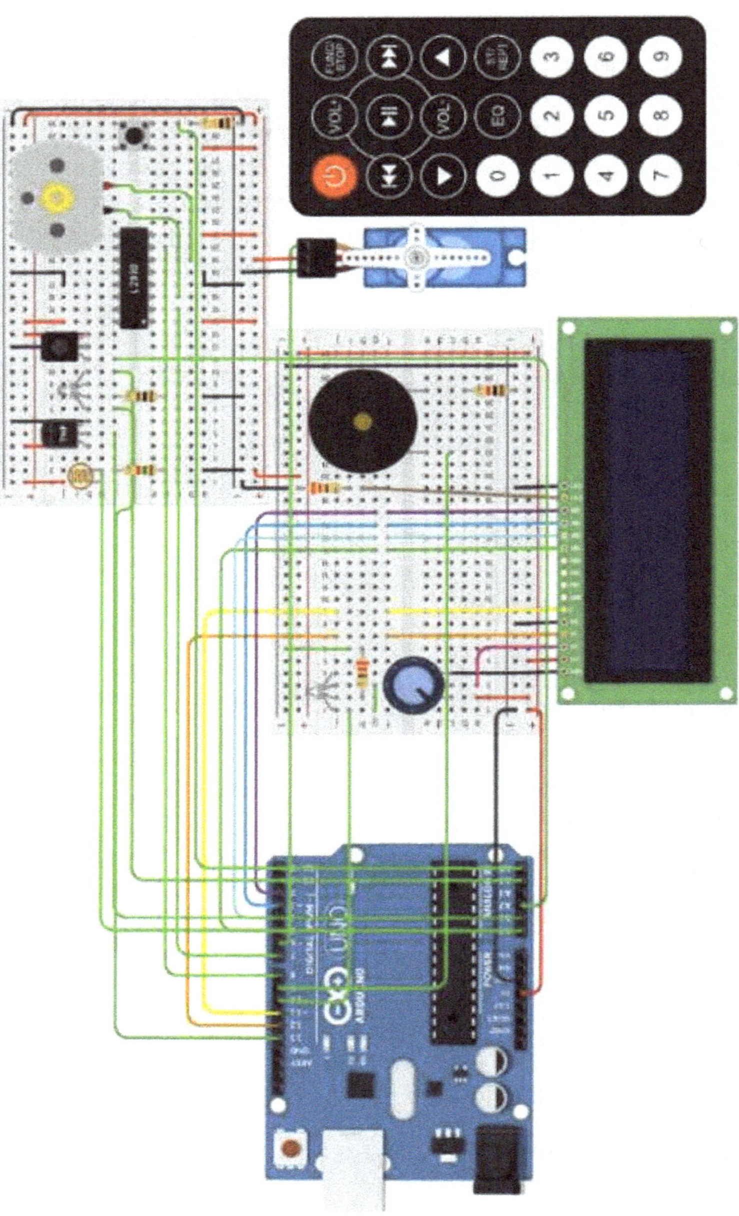

Prima di iniziare con il codice del programma, dobbiamo installare la libreria necessaria per il telecomando IR ("IRremote.h" di Armin Joachimsmeyer). Questo è meglio farlo tramite il gestore delle librerie cercando la libreria nell'IDE e poi caricandola (vedi capitoli precedenti). Potresti doverlo fare anche per il display.

Codice del programma per l'IDE di Arduino:

```
// Per prima cosa includiamo le librerie necessarie per il servomotore, il telecomando IR e il display LCD nel nostro codice programma.


#include <LiquidCrystal.h>

#include <IRremote.h>

#include <Servo.h>

// Prima dichiariamo la variabile per il sensore IR (ricevitore) assegnando la connessione al pin A2.
int RECV_PIN = A2;

// Abbiamo anche bisogno delle seguenti due espressioni per il sensore IR (crea oggetti)

IRrecv irrecv(RECV_PIN);

decode_results results;

// Poi creiamo un altro "oggetto servo" in modo da poter controllare anche il servomotore.
Servo myservo;

int lightValue = 500;

// Il seguente codice crea una variabile per il display LCD con i numeri delle interfacce pin assegnate al display LCD.

LiquidCrystal lcd(12, 11, 5, 4, 3, 2);

// Di seguito definiamo la funzione di apertura:

void door_open()

{

  tone(8, 440, 100); // Tono al pin 8 con 220 Hz per 100 ms
```

```
myservo.write(0); // Il servomotore dovrebbe muoversi in posizione (0°)

delay(15); // aspetta 15ms

int temp=analogRead(A1); // Dichiara la variabile "temp"; leggi il valore della
temperatura

while(temp>250) // Finché la temperatura è superiore a 250 (25°, poiché 10mv
= 1 °C), deve:

{

digitalWrite(13,HIGH); // Attiva il LED (gamba RGB) al pin 13

digitalWrite(A4,LOW); // Disattiva il LED (gamba RGB) sul pin A4

lcd.setCursor(0, 0); // Determina la posizione del seguente testo (display LCD)

lcd.print("Temperatura di errore"); // Mostra il testo (display LCD)

lcd.setCursor(0, 1); // Determina la posizione del seguente testo (display LCD)

lcd.print("e sopra il limite"); // Visualizza il testo (display LCD)

temp=analogRead(A1); // leggi il valore della temperatura

}

digitalWrite(A4,HIGH); // Attiva il LED (colore RGB) sul pin A4

digitalWrite(13,LOW); // Disattiva il LED (colore RGB) sul pin 13

digitalWrite(7,HIGH); // Attiva il pin 7 (motore)

digitalWrite(8,LOW); // Disattiva il pin 8 (motore)

delay(3000); // aspetta 3000ms (=3s)

lcd.setCursor(0, 1); // Determina la posizione del seguente testo (display LCD)

lcd.print("Closing Door"); // Mostra il testo (display LCD)

digitalWrite(7,LOW); // Disattiva il pin 7 (motore)

digitalWrite(8,HIGH); //Pin 8 attiva (motore)

delay(3000); // aspetta 3000ms (=3s)

digitalWrite(7,LOW); // Disattiva il pin 7 (motore)
```

```
  digitalWrite(8,LOW); //Pin 8 attiva (motore)
  delay(100); // aspetta 100ms
  myservo.write(90); // Il servomotore dovrebbe muoversi in posizione (90°)
  delay(15); // aspetta 15ms
}

// Di seguito, definiamo la funzione per il LED quando c'è troppa poca luce:
void out_door_light()
{
  int light=analogRead(A0); // Dichiara la variabile "light"; leggi il valore della luce
  if (light> lightValue) // Se la quantità di luce è finita500, allora:
  {
   digitalWrite(10,LOW); // Disattiva il pin 10 (secondo LED)
   lcd.setCursor(0, 0); // Determina la posizione del seguente testo (display LCD)
  lcd.print("Light=OFF"); // Visualizza il testo (display LCD)
  }
  if (light< lightValue) // Se la quantità di luce è inferiore500:
  {
   digitalWrite(10,HIGH); // Attiva il pin 10 (secondo LED)
   lcd.setCursor(0, 0); // Determina la posizione del seguente testo (display LCD)
  lcd.print("Light=ON "); // Visualizza il testo (display LCD)
  }
}
void setup()
// Qui inseriamo il codice di configurazione che verrà eseguito solo una volta.
```

```
{
// Inizializza il display LCD: lcd.begin(colonne, righe del display)
 lcd.begin(16, 2);
// Avvia il sensore IR con il seguente codice
 irrecv.enableIRIn();
// Il servomotore è collegato6 al pin
 myservo.attach(6);
// Il servomotore dovrebbe spostarsi nella posizione di 90° gradi.
 myservo.write(90);
 delay(15); // aspetta 15 ms
 digitalWrite(A4,HIGH); // Attiva il LED (gamba RGB) sul pin A4
 digitalWrite(13,LOW); // Disattiva il LED (gamba RGB) al pin 13
}
void loop()
// Qui inseriamo il codice principale da eseguire ripetutamente (in un ciclo)
{
 out_door_light();
 if (digitalRead(A5)==HIGH) // Se la connessione A5 riceve corrente (5V, poiché HIGH), allora:
 {
  lcd.setCursor(0, 1); // Determina la posizione del seguente testo (display LCD)
   lcd.print("opening door"); // Mostra il testo (display LCD)
   door_open(); // Esegui la funzione di apertura
  lcd.setCursor(0, 1); // Determina la posizione del seguente testo
   lcd.print("Door Open"); // Mostra il testo (display LCD)
 }
```

```
else{
  lcd.setCursor(0, 1); // Determina la posizione del seguente testo
  lcd.print("closing Door"); // Mostra il testo (display LCD)
  myservo.write(0); // Esegui la funzione di chiusura
  lcd.setCursor(0, 1); // Determina la posizione del seguente testo
  lcd.print("Door closed"); // Mostra il testo (display LCD)
  }
// Il seguente codice dice quanto segue: Se è stato dato un segnale dal telecomando IR o ricevuto tramite il sensore IR, e se il segnale corrisponde al seguente codice "16580863", allora:
 if (irrecv.decode(& results)) // È stato ricevuto un segnale IR?
 {
  if (results.value == 16580863) // il segnale corrisponde al codice?
  {
   lcd.setCursor(0, 1); // Determina la posizione del seguente testo (display LCD)
    lcd.print("Door Open "); // Mostra il testo (display LCD)
    door_open(); // Esegui la funzione di apertura
  }
  irrecv.resume(); // Ricevi il prossimo valore


   lcd.setCursor(0, 1); // Determina la posizione del seguente testo (display LCD)
    lcd.print("Door Open"); // Mostra il testo (display LCD)
 }
 delay(100); // aspetta 100ms
}
// Fine del codice del programma
```

Parole di chiusura

Eccellente!

L'hai fatto, hai lavorato attraverso il corso per principianti.

Congratulazioni!

In questo libro ho cercato di darti una comprensione di base su come utilizzare Arduino in modo semplice. Spero di esserci riuscito in qualche misura e che questo libro ti abbia dato un'introduzione pratica e facile da capire al mondo del mini-PC e che tu ora capisca perché Arduino è un sistema così grande e cosa puoi fare con esso!

Lo scopo di questo libro era quello di darti una comprensione di come l'ingegneria elettrica ci accompagna nella vita quotidiana e i principi di base coinvolti. Dovrebbe essere un libro che crea una comprensione della conoscenza teorica di base e dell'applicazione pratica.

Con questo corso di base, ora dovresti sapere tutto quello che c'è da sapere per utilizzare un Arduino come principiante! Naturalmente, ha senso non fermarsi a questo punto e guardare invece un libro avanzato per imparare ancora di più sulla creazione di sistemi utilizzando Arduino.

Insieme abbiamo ottenuto molto in questo corso! Sii giustamente orgoglioso di te stesso se sei arrivato alla fine!

Se ti è piaciuto questo libro, sarei molto felice se mi lasciassi una valutazione e un breve feedback, oltre a raccomandare il libro! Grazie mille.

Un consiglio finale:

Se mai dovessi rimanere bloccato, dai un'occhiata alla seguente pagina, dove troverai molti e ottimi materiali di apprendimento su Arduino:

https://www.arduino.cc/reference/en/

Se sei anche interessato ad altri miei libri su argomenti simili, assicurati di dare un'occhiata alle prossime pagine.

Grazie mille!

Libri su argomenti che potrebbero piacerti anche

Tutti i libri sono disponibili online sulle solite piattaforme di vendita. È meglio cercare semplicemente il titolo o sentirsi liberi di visitare la mia pagina dell'autore. Alcuni dei libri potrebbero non essere ancora stati pubblicati e appariranno o si troveranno presto. Dai un'occhiata ai libri di tua scelta e portali a casa come e-book o paperback!

Stampa 3D:

CAD, FEM, CAM:

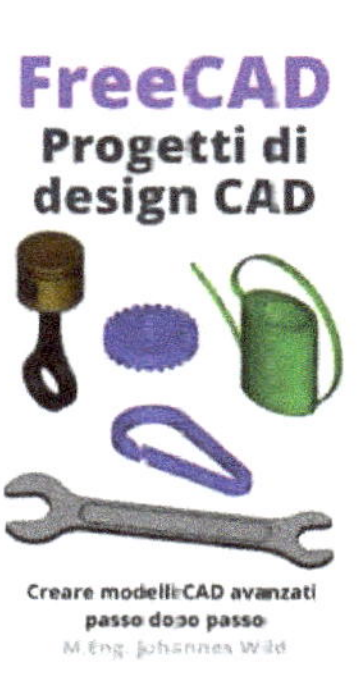

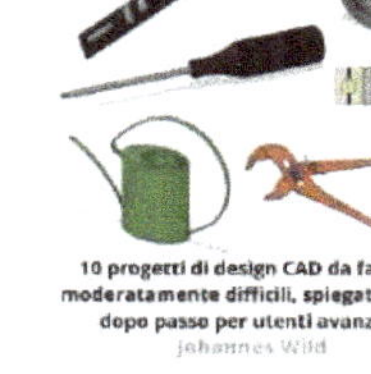

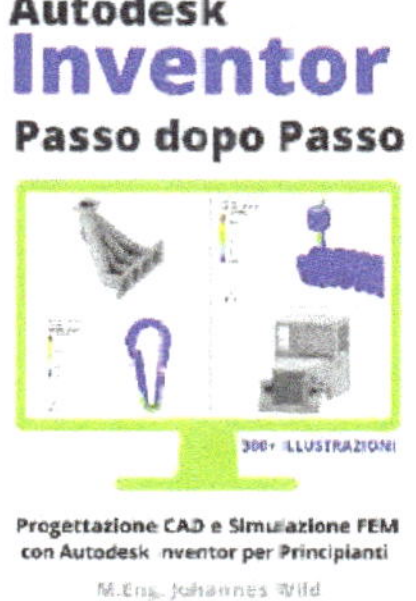

Elettrotecnica:

Programmazione e altri software:

Ci sono anche video corsi identici per alcuni di questi libri:

Fusion 360 Passo dopo Passo | CAD,FEM e CAM per principianti
La guida pratica per AUTODESK FUSION 360! Impara la progettazione, la simulazione, la produzione e altro da un ingegnere
M.Eng. Johannes Wild
4.6 ★★★★☆ (31)
3.5 total hours • 24 lectures • Beginner
Bestseller

Stampa 3D | Una guida passo dopo passo
La guida pratica per principianti e utenti! Un corso per tutti, creato da un ingegnere!
M.Eng. Johannes Wild
4.0 ★★★★☆ (28)
1.5 total hours • 20 lectures • All Levels

Progettazione CAD per principianti | Impara da un ingegnere
La guida practica alla creazione di oggetti e modelli 3D con software di progettazione CAD gratuito per stampa 3D, ecc.
M.Eng. Johannes Wild
4.2 ★★★★☆ (6)
1.5 total hours • 15 lectures • All Levels

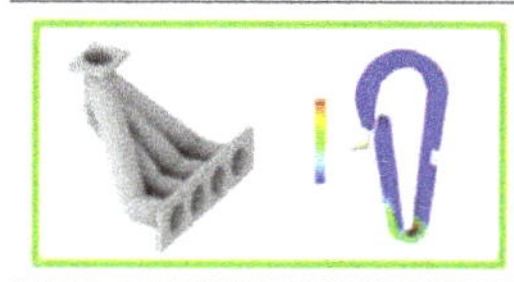

INVENTOR Passo dopo Passo | CAD & FEM per principianti
La guida pratica per AUTODESK INVENTOR! Impara la progettazione CAD, la simulazione FEM e altro da un ingegnere
M.Eng. Johannes Wild
4.2 ★★★★☆ (7)
3.5 total hours • 20 lectures • Beginner

...

Per l'acquisto puoi scegliere tra la piattaforma di apprendimento "Udemy":

Cerca il mio nome su www.udemy.com:

M.Eng. Johannes Wild o usa il seguente link:

www.udemy.com/courses/search/?src=ukw&q=m.eng.+johannes+wild

Iscriviti oggi e approfondisci le tue conoscenze!

Impronta dell'autore/editore

Johannes Wild
c/o RA Matutis
Berliner Straße 57
14467 Potsdam
Germany

E-mail: 3dtech@gmx.de

Questo lavoro è protetto da copyright

Tutte le informazioni contenute in questo libro sono state compilate al meglio delle nostre conoscenze e controllate attentamente. Tuttavia, questo libro è solo a scopo educativo e non costituisce una raccomandazione di azione. In particolare, nessuna garanzia o responsabilità viene data dall'autore e dall'editore per l'uso o il non uso di qualsiasi informazione in questo libro. I marchi e i nomi comuni citati in questo libro rimangono di proprietà esclusiva dei rispettivi autori o titolari dei diritti.

www.ingramcontent.com/pod-product-compliance
Lightning Source LLC
LaVergne TN
LVHW010421230826
846092LV00003BA/995
* 9 7 8 3 9 4 9 8 0 4 8 0 9 *